Pour FRANÇOIS
un AMI, avec qui je
partage des bouts
essentiels de vie
Voici mon Récit sur

LE CRASH

ET LE DÉFI: SURVIVRE

Avec tendresse
et Affection

[illegible]

Mai 1985

JOHANNE DE MONTIGNY

LE CRASH

ET LE DÉFI: SURVIVRE

les éditions du remue-ménage

«Editing»: Sylvie Dupont

Corrections: Rachel Bédard
Johanne de Montigny
Suzanne Girouard
Hélène Larochelle

Conception graphique: Odette DesOrmeaux

Montage: Odette DesOrmeaux
Lise Guévremont

Photo de la couverture: Suzanne Girard

Couverture: Odette DesOrmeaux et Suzanne Girard

Photocomposition et impression: Imprimerie Gagné, Louiseville

Distribution: Diffusion Prologue
2975, rue Sartelon
Ville St-Laurent, QC
H4R 1E6
Tél.: (514) 332-5860, (de l'ext.) 1-800-361-5751
Télex: 05-824531

Dépôt légal: troisième trimestre 1985
Bibliothèque nationale du Québec
Bibliothèque nationale du Canada

Les Éditions du remue-ménage
4800, rue Henri-Julien
Montréal, QC
H2T 2E1
Tél.: (514) 845-7850
Les Éditions du remue-ménage sont subventionnées par le ministère des Affaires culturelles (Québec), le Conseil des Arts du Canada et le Secrétariat d'État (programme Promotion de la femme).

ISBN 2 89091 055 5

À Lyse…

... et à Jean-Marie

CHAPITRE 1

Taxi!

«Le 4333, chemin de la Côte-Ste-Catherine, s'il vous plaît.»

Parce que je referme mal la portière du taxi, le chauffeur remarque ma canne et achève mon geste.

«Vous vous êtes blessée?

— Oui, je me suis blessée ... en tombant...»

Autour du rétroviseur ballotte ce que les Grecs appellent un «komboloï», comme un collier de grains qui pour moi ressemble à un chapelet et avec lequel ils jouent constamment pour passer le stress.

La radio grince entre les adresses du secteur. Le chauffeur roule vite, trop vite. Qu'est-ce que je vais raconter là-bas, qu'est-ce que je vais dire? Le compteur enregistre les dix sous et ma montre, les secondes. Les bruits de la rue m'assaillent et se répercutent dans l'horrible bruit de l'explosion qui défonce encore mes tympans. Je guette les piétons. Ou bien le Grec ne les voit pas ou bien moi j'en vois partout. Fragiles. Vulnérables. Ma pauvre tête! Finira-t-elle par éclater, elle aussi? Je voudrais être ailleurs.

«Vous êtes Grec, non?»

Trois oui saccadés confirment et l'homme ajoute:

«Je viens de Paros, vous connaissez?

— Eh! comment... j'ai même visité», dis-je.

C'était en mai 1977, mon premier voyage en Europe, mon deuxième en avion. Les souvenirs remontent par scènes blanches et bleues, comme dans un film.

«Ah! monsieur, quel paradis vous avez quitté! J'ai adoré votre pays! Et votre musique!»

Souriant à ces mots, il enfonce une cassette dans le magnéto et Mélina Mercouri me replonge dans la mer Égée. Comme toujours, la musique grecque me rend littéralement malade d'émotion. Ou est-ce sa façon de tenir le volant? Je me hasarde:

«Croyez-vous qu'il existe un seul Grec qui sache conduire? J'ai eu si peur de mourir là-bas, dans vos taxis aux pneus à moitié crevés!»

M'a-t-il comprise? Est-ce de la complicité qui passe à travers cet éclat de rire pour le moins généreux.

«Ça fait quatre dollars ‹fifty›, madame.

— Vous me donnez un reçu s'il vous plaît?»

Automne 1979. Six mois après la tragédie, chaussée de mes affreux souliers orthopédiques, j'emprunte cahin-caha le large trottoir qui mène à l'Institut. Le béton gris me ramène vite des belles îles grecques.

Dans le hall d'entrée sombre et glacial, une réceptionniste-téléphoniste débite aux malades des renseignements qu'elle connaît par coeur, c'est évident.

«Je viens voir le docteur Leclair.

— Tournez à gauche, et présentez-vous à la secrétaire.»

Mon coeur bat trop fort alors que mes jambes faiblissent sur les parquets moelleux. Appuyée sur ma canne, je m'adresse au hasard à l'une des trois secrétaires et je vois tout de suite mon nom sur son agenda. Elle me prévient:

«Vous êtes en avance d'une demi-heure.

— Je sais.» Et je lui tends ma carte-soleil.

«Asseyez-vous là-bas, on vous appellera.»

Je m'installe tant bien que mal dans l'un des nombreux fauteuils libres. Les tables ressemblent à des pierres tombales et les patients, à des morts-vivants. Certains sont aussi immobiles que des statues assises sur leur socle, d'autres circulent sur la pointe des pieds le long des murs insonorisés. Je remarque un homme caché derrière ses verres soufflés et une femme qui s'acharne sur un mégot. Tous leurs tics me sautent aux yeux. Ai-je moi aussi cette tête d'enterrement? Ai-je l'air aussi déprimé, aussi dérangé? J'ai envie de m'enfuir.

Une jeune femme — elle a peut-être mon âge —, se pointe dans la salle d'attente. Sa voix discrète et posée prononce mon nom. Je me dirige vers elle de mon pas mal assuré et j'ai l'impression qu'elle me soutient des yeux jusqu'à la porte de son bureau. C'est le docteur Leclair. Psychiatre.

Nous nous asseyons en même temps. Gênée par son regard intense qui intercepte le moindre de mes gestes, je dois être écarlate. Une table trop modeste et deux chaises droites ne parviennent pas à meubler la blancheur de l'espace. La pièce est vide mais pas autant que moi.

«C'est votre première visite à l'Institut de psychiatrie?»

Arrachée de mes pensées, je hoche la tête. Oui, c'est la première fois...

Il y a un long silence. Elle est belle. Une beauté de vamp sous un ravissant désordre de mèches châtaines. Pourtant, elle ne dégage aucune chaleur.

«Je vous écoute.

— Eh! bien voilà. J'ai eu un accident. Je viens vous voir parce que je suis anxieuse, nerveuse, insomniaque. Je souffre. J'ai besoin d'aide.

— Quel âge avez-vous?

— 29 ans.»

Elle note. Encore un long silence.

«Parlez-moi de votre enfance, de vos parents.»

Moi qui ne voulais parler que du présent... et pourtant les mots s'enchaînent:

«Je suis la troisième d'une famille de quatre enfants. J'avais six ans quand mon père est parti. À l'automne 1956. Une nuit, je l'ai entendu faire sa valise. Il est venu m'embrasser. Je savais que je ne le reverrais plus, qu'il me désertait. Je pleurais. Je l'entends encore fermer la porte sur mon chagrin d'enfant. «Ne pars pas! Je t'en prie, ne me quitte pas.» Ces mots-là, je les répète encore et toujours quelque part au fond de moi. Ils font plus mal que l'accident.»

Et bien sûr, les larmes me montent aux yeux. Je n'ai pas de Kleenex, la psychiatre non plus.

Silence encore plus lourd, entrecoupé de reniflements.

«Et votre mère?

— Ma mère?»

Elle est grande, forte et belle. C'est elle qui nous a élevés. Ce qu'elle a dû en baver pendant toutes ces années! Elle était modiste, elle faisait des chapeaux pour nous faire vivre, pour nourrir ses quatre enfants. J'avais une mère chapelière qui était mes deux parents.

«Vous n'arrivez pas à dormir?

— Pas tellement. Parce que j'ai mal ... parce que j'ai peur.

— Mal où? Et peur de quoi?

— Mal aux orteils, au genou, à la hanche, au bras, mal au dos, mal à la tête et mal à l'intérieur, à l'âme.»

Peur des bruits, peur du silence, peur de vivre, peur de mourir.

Oui, mal partout et peur de tout.

«Est-ce votre poids normal?

— Non, j'ai perdu 40 livres.

— Pourquoi êtes-vous si triste?

— Mes cicatrices!

— Vous en avez plusieurs?

— Partout, sur tout le corps, en dedans, en dehors; j'étais en morceaux, on m'a rapiécée. Ma peau tiraille de toutes parts. Même mes mains sont crispées. Regardez.»

Cette fois, je fonds en larmes, je pleure à gros sanglots. Elle m'observe, elle ne me quitte pas des yeux, et je n'ose plus dire un mot. Le temps est long. Ma présence finit par lui peser, comme son absence me trouble.

«J'ai besoin de chaleur.» Ces mots sont venus malgré moi. Je voudrais lui crier: «Aime-moi tout simplement. Aime-moi et surtout ne pose plus de questions. Arrête de me vouvoyer et aime-moi.» Encore un désir d'enfant inassouvi.

Suspendue à ce regard inquisiteur, paralysée par ce silence déconcertant, que puis-je encore lui dire? Je lui demande:

«Quelle heure est-il?

— Il est temps de partir maintenant.»

Je me lève machinalement. Ma canne précède chacun de mes pas. Elle ouvre grand la porte et surveille mon départ. Son regard traîne sur moi; je le sens peser sur mon dos.

Avant qu'elle me perde de vue, je l'entends qui me dit: «À la semaine prochaine, même heure.» Et je murmure une sorte de oui, dans le vide. Un oui qui se meurt, comme moi.

Je monte dans le premier des six taxis qui font la file. Mon coeur se serre en voyant le chauffeur tourner la clé de contact; encore, j'ai peur de l'explosion. Horrible. Je fixe la nuque de l'homme, l'espèce de guenille qu'il a enroulée à son cou. Est-ce la chaleur qui l'endort ou sent-il mon bouleversement? Je dois lui répéter trois fois mon adresse avant de m'enfoncer au creux du siège arrière et de fermer les yeux. Voit-il mes larmes?

Je n'ai pas envie de faire la conversation à ce bel Haïtien. Je ne sais rien d'Haïti et tant pis! Je déteste les bananes, le plantain et les serpents. Et les Antilles. Aujourd'hui, je déteste tout l'univers en entier. Je veux que ça arrête, que tout ça arrête! Encore des mots qu'il faut taire, ravaler. La voiture s'arrête devant la maison... et Jean-Marie arrive en même temps que nous. Il ouvre la portière.

«Salut! Comment ça s'est passé avec la psy?

— Magnifique. Un miracle! Je suis complètement guérie et j'ai retrouvé tout mon équilibre! Regarde!»

Clopin-clopant sur la pointe des pieds, je lui imite la plus capotée des handicapées, grimaces à l'appui. Encouragée par son éclat de rire, je me lance dans les caricatures, j'invente de nouveaux pas, pour chaque personnage. Au milieu de l'escalier, à bout de forces, je laisse échapper:

«Ouf ... je suis fatiguée.»

Et quand Jean-Marie enfonce la clé dans la serrure, je pense encore à l'explosion.

Finalement, c'est Lyse qui nous ouvre.

Enfin installée confortablement dans notre salon, je tiens à deux mains un grand verre de vin rouge et je refais le plein de chaleur et d'amour dans la sécurité de notre merveilleux et surprenant foyer à trois.

«Tiens bon, me dit Jean-Marie. D'ici quelques mois, tout sera fini. Avrum Orenstein est un bon avocat, mais il a besoin de cette expertise psychiatrique. Il nous faudra aussi plusieurs expertises médico-physiques pour appuyer les poursuites que nous engagerons contre Québécair. L'enquête du coroner a lieu dans trois semaines. Mais tu n'iras pas: tu es trop malade pour te rendre à Québec.»

Je suis incapable de prononcer un seul mot. J'ai la gorge trop serrée, trop pleine de vieilles larmes et de beaujolais nouveau. Mais il y a la sollicitude de Jean-Marie et le regard de Lyse, ce regard qui n'appartient qu'à elle, à la fois apaisant et plein de compassion. Dieu merci, ils sentent que je n'ai pas envie de parler, et pour changer de sujet, ils parlent de la Grèce dont ils raffolent. Je les remercie mentalement de m'oublier un peu et je les abandonne à cette conversation que je n'arrive plus à tenir, pour me réfugier dans ma chambre, m'évader dans l'écriture. Seule l'écriture parvient à éloigner, à conjurer toutes mes douleurs. Reconstituer le drame séquence par séquence pour chasser les images qui me hantent, étouffer les sons qui me poursuivent. Réécrire le scénario pour exorciser les horribles souvenirs...

CHAPITRE 2

Pour moi, l'histoire commence en octobre 1978. Nous roulons vers Sherbrooke dans une orgie de couleurs. Lyse tient le volant, silencieuse et paisible. Si je ne connaissais pas toute la subtilité de son oeil de peintre, et les eaux profondes de sa sensibilité, je pourrais la croire indifférente au paysage. Moi je m'exclame à chaque détour, un peu pour faire sourire son beau profil d'Indienne, un peu pour oublier ce début de migraine qui empire, comme d'habitude, à mesure que nous approchons. J'imagine ma mère, impatiente, guettant notre arrivée de la fenêtre. Ce dimanche-là, un dimanche on ne peut plus banal dans la ville reine des Cantons de l'Est allait se graver à jamais dans ma mémoire pourtant défaillante.

Nous arrivons. Émue, je scrute la maison où j'ai grandi et en effet, je crois voir le rideau battre. L'étau se resserre autour de ma tête; une fois de plus, il faudra cacher mon malaise, avoir l'air en excellente forme. Ma mère ne jure que par la santé. Bagage sur l'épaule, je me redresse et j'appuie énergiquement sur la sonnette. Les bonjours! Bienvenues! Comment ça va? fusent de toutes parts et Lyse entre un moment. Dans la cuisine, je reconnais le bruit et l'odeur du percolateur, la nappe de coton sans un faux pli, la table impeccablement mise: porcelaine, fruits frais et pain de blé entier.

Le temps d'un café et Lyse nous quitte; elle est aussi de Sherbrooke, et son frère l'attend.

Ma mère peut parler sans s'arrêter pendant des heures et j'ai hérité de ce trait. Il n'y a que l'horloge coucou pour couvrir nos voix de temps en temps, du moins juqu'à ce que le téléphone sonne. Comme chaque fois, le bon-jour aussi articulé que sonore de ma mère me fait sursauter. Amusée, je la regarde appuyer sa paume sur le récepteur, pour tenter — en vain — de couvrir ce qu'elle croit être un chuchotement:

«C'est ta tante!»

Elle sait que Tantine m'est très chère. Tantine a un tempérament bohême et des bras plus grands que ciel et terre. Voilà belle lurette que nous entretenons une profonde amitié; comme elle est plus jeune que ma mère, je la considère un peu comme ma soeur aînée. Que nous vaut donc cet interurbain inopiné? Je prends l'appareil.

«Je suis chez Rodrigue», s'empresse-t-elle de préciser. «Il est à la recherche d'une secrétaire et je lui ai vanté tes talents. Veux-tu poser ta candidature?»

Je suis estomaquée. Son voisin Rodrigue, avec qui elle s'entend comme larrons en foire, c'est Rodrigue Tremblay, le ministre de l'Industrie et du Commerce!

«Mais voyons Tantine! Je ne peux pas quitter les ingénieurs... Je suis là depuis cinq ans. Et puis ...»

J'entends une voix de baryton claironner: «Dis-lui qu'elle vienne demain.» Tantine n'ose pas aller plus loin.

«Je te rappelle dès mon retour à Montréal», lui dis-je avant de raccrocher.

Un peu abasourdie, je regagne la table familiale lorsque de la fenêtre, une autre voix me parvient:

«Bonjour! J'arrive!»

C'est ma soeur dans toute sa beauté. Elle plaque deux becs à pincettes sur mes joues chaudes d'excitation et je lui rends la pareille. Danielle et moi sommes profondément liées. C'est son affection qui m'a le mieux consolée après le départ de mon père. Tout de suite, je lui raconte ce qui vient de m'être proposé et le dilemme où cela me plonge: chef de secrétariat dans une firme d'ingénieurs-conseils, comment pourrais-je quitter l'équipe qu'à moi seule j'ai recrutée et entraînée? Même si l'offre est alléchante, partir est impensable...

Mais ma mère et ma soeur m'invitent à y réfléchir très sérieusement et ce téléphone me préoccupe beaucoup plus que je le voudrais. Qu'en dira Lyse? Je brûle d'envie de le savoir.

La voilà! Enfin! Je me précipite sur elle sans même lui laisser le temps de s'asseoir pour lui raconter l'événement de la journée.

«Très intéressant...» dit-elle.

Nous en discutons longuement et les heures filent. Il faut rentrer à Montréal.

Dans la noirceur, le chemin du retour ne ressemble plus à celui du matin: je suis plongée dans mes pensées et je n'en sors que lorsque l'auto s'arrête rue deNormanville où je partage avec Lyse un logement confortable et vaste mais beaucoup trop sombre. Depuis quelques semaines nous mûrissons le projet de nous acheter une maison avec Jean-Marie.

Je suis sur le point de rappeler Tantine lorsque justement Jean-Marie arrive. Visite impromptue et fort à propos. Une fois au courant, comme je m'y attendais, mon grand Québécois pure laine (même s'il est d'origine acadienne) m'encourage vivement à suivre cette nouvelle voie. Par téléphone, je demande donc à Tantine de faire savoir au ministre que j'accepte de me présenter à l'entrevue.

Les arrangements sont pris: le ministre me recevra lundi matin. Son chauffeur viendra me cueillir chez moi, à huit heures du matin. Un chauffeur...

Évidemment, cette nuit-là, je dors peu et mal. Le lendemain matin est pire encore: je cherche désespérément des vêtements qui puissent convenir à ce genre de rendez-vous — pourquoi n'y ai-je pas pensé avant? — et je m'énerve en constatant que ma garde-robe, si elle déborde de pantalons et de chemisiers, par contre ne contient justement pas la moindre robe! Je suis plutôt du genre sportive, j'aime les vêtements décontractés, dans lesquels je peux bouger librement, marcher, courir...

Finalement, j'opte pour le cuir; ce pantalon me va bien et met en valeur ma nouvelle silhouette. Depuis un an, au prix de grands efforts pour me rapprocher de moi, j'ai perdu beaucoup de poids et le miroir me renvoie l'image satisfaisante d'une femme jeune et dynamique, pleine d'énergie. Tant pis pour les stéréotypes; si ce que je suis ne convient pas à l'emploi, l'emploi n'est pas pour moi.

Huit heures quinze. Voilà le chauffeur: mon coeur bat à toute vitesse et mes mains tremblent. Peur d'être refusée ou de refuser, je ne sais même plus. L'homme en uniforme marine me transmet ses salutations distinguées, m'ouvre la portière et je m'installe à l'arrière de la limousine verte. J'en ai vu une exactement pareille dans un enterrement. Boutons innombrables, espace illimité, piles de journaux, téléphone, tout ça me donne des crampes.

Une toux sèche rompt le silence et enfin, le chauffeur daigne m'adresser à nouveau la parole en continuant de m'épier dans le rétroviseur:

«Vous êtes la nouvelle secrétaire du ministre?

— Pas encore tout à fait.

— Si vous aimez Québec, vous serez servie: nous y allons très souvent.»

J'ai la gorge nouée. Je ne relance pas la conversation et je fuis son regard inquisiteur tout le reste du trajet. En arrivant à la Place Ville-Marie, un geste spontané manque de trahir la novice que je suis: j'ai failli ouvrir moi-même la portière.

Dans le hall d'entrée de ce gratte-ciel qui me semble plus impressionnant que jamais, «on» m'attend. Je suis intriguée: qui est au juste cet homme en imperméable beige qui me serre la main? Après les politesses d'usage — son nom ne m'apprend rien —, d'un pas pressé, il m'entraîne dans l'ascenseur et appuie sur le dernier bouton, le 23. Je me concentre sur les petits chiffres ronds qui s'allument tour à tour pendant que lui me reluque, mine de rien. Quand les portes s'ouvrent je suis redevenue étonnamment calme et détendue. Je tiens fermement mon porte-documents et, comme l'aurait fait ma mère, j'affiche une bonne dose d'assurance. Au bout de l'interminable corridor l'homme à l'imperméable passe devant moi et m'ouvre la porte pour m'introduire dans le bureau du ministre, le premier de ma modeste existence et qui ne m'inspire qu'une pensée: «Quelle ambiance austère!»

Je risque des sourires, je quête des bonjours et je continue de m'étonner: le personnel est jeune mais comment peut-on arriver à avoir l'air à la fois aussi dynamique et aussi terne! Quelques indices me permettent de déduire que ce type à l'imperméable est le chef de cabinet du ministre. Il m'offre fauteuil et café, et, en prime, une allusion à mes yeux «pétillants». Puis, il prend un bout de papier et se met à calculer. Comment lui laisser entendre que les questions d'argent ne sont pas les plus importantes pour moi?

«Voulez-vous regarder mon curriculum vitae?»

Un coup d'oeil rapide lui suffit pour affirmer, toujours sûr de lui:

«Vos antécédents coïncident exactement avec les exigences du poste. Maintenant, parlons salaire.»

Décidément, il y tient! Je ne cède pas:

«Je préfère parler responsabilités, si vous permettez.

— Il serait bien difficile de résumer vos fonctions puisqu'elles varieront d'une journée à l'autre. L'imprévu est la principale caractéristique de cet emploi. La confidentialité est de rigueur, et une disponibilité entière, essentielle. Vous aurez constamment à voyager. Vous êtes célibataire?

— En quelque sorte. Quelle sera la fréquence de ces voyages?

— Une fréquence indéterminée et indéterminable. Alors, c'est oui? Vous acceptez? Mon patron déteste attendre. Je vais vérifier s'il peut maintenant nous recevoir.»

En attendant qu'il revienne, je m'absorbe dans la contemplation du pont Jacques-Cartier. La ville semble calme; machinalement je jette un coup d'oeil sur ma montre. Dix heures trente et je ne suis pas encore au bureau! Un insupportable sentiment de culpabilité m'envahit à l'idée que mes employeurs sont encore ignorants de ma démarche. Comment allais-je justifier ce retard inhabituel? Une voix me tire de ces réflexions:

«Suivez-moi, monsieur le ministre vous attend.»

Plus le temps de penser: le bureau du Grand Manitou est juste en face. J'entre et pendant un instant je crains de perdre pied en enfonçant dans l'épaisseur de la moquette. Un gigantesque drapeau du Québec vole la vedette au ministre; sans le souvenir de la fameuse voix de baryton, j'aurais mis quelques secondes de trop à reconnaître le très séduisant personnage qui me donne la main et me souhaite la bienvenue. Je sens qu'il me jauge. Ses yeux sont d'un bleu incroyable, irréel. J'ai l'impression de disparaître tout entière dans l'immense fauteuil où il m'a invitée à m'asseoir. Le chef de cabinet est resté debout à côté de moi et remet au ministre mon curriculum vitae.

«Nous avons déniché la candidate idéale, n'est-ce pas patron?

— Normal, c'est moi qui l'ai trouvée», répond sèchement le ministre.

Et même s'il fait mine de s'intéresser au papier devant lui, je sais qu'il ne me quitte pas des yeux:

«Vous avez une formation en relations industrielles, c'est excellent. Vous êtes péquiste au moins? C'est fondamental.

— Évidemment!»

Je mets tant de conviction dans ma voix qu'on pourrait croire que seul ce parti donne un sens à ma vie. Et je profite du court silence qui suit pour glisser quelques mots:

«J'aurais besoin de temps pour réfléchir (le ministre sourcille)... et pour annoncer ma démission. Vous savez, je suis heureuse chez les ingénieurs. Ce sera difficile de...

— Vous serez plus heureuse ici, m'interrompt le ministre. Deux semaines vous suffiront-elles, chère demoiselle?»

Prise de court, j'hésite:

«Euh... probablement, je crois...

— Donc vous acceptez!»

Mes lèvres laissent échapper un faible oui. Pour le ministre, l'affaire est conclue. Il me gratifie d'un salut distrait et se replonge sans plus tarder dans la lecture du courrier. Le chef de cabinet me fait signe de le suivre. En sortant, je ne peux m'empêcher d'admirer la splendeur des plantes vertes et le raffinement de l'élégante bibliothèque vitrée...

Onze heures! Pas possible! J'avais dit oui comme une sotte qui, une fois bien impressionnée, oublie tout le reste. Et voilà que quelqu'un me dirige chez le directeur du personnel pour «mettre la paperasse en règle»: simples formalités. Chez l'agent de recrutement, les choses sont beaucoup moins simples. Manifestement, il me reçoit de mauvaise grâce.

«Vous savez, me fait-il comprendre, normalement vous auriez dû gravir plusieurs échelons avant de pouvoir occuper un tel poste. Vous êtes au gouvernement ici, pas dans l'entreprise privée! Vous n'êtes pas la première interviewée, et voilà qu'on vous parachute sans nous prévenir. Comprenez que cela nous dérange! Je dois examiner vos attestations scolaires. Mettez-vous à notre place! Ces ministres ont parfois la prétention d'être des dieux!» Etc.

Quand il me délivre enfin, le chauffeur me ramène à la maison. Sans perdre une minute, je me mets à fouiller désespérément dans tous mes tiroirs; où ai-je pu fourrer ces foutus diplômes? Je ris toute seule en constatant que je suis plus énervée qu'à la veille des examens où je les ai obtenus mais j'ai quand même du mal à retrouver assez de calme pour téléphoner au bureau et prévenir que je ne rentre pas.

Le lendemain, j'essaie maladroitement de me dépêtrer des questions pleines de sollicitude de mes compagnes de travail au sujet de mon absence de la veille. Comme d'habitude, j'ai fort à faire pour coordonner les multiples activités du secrétariat. Soucieuses de m'épargner du travail après mon «indisposition» toutes les secrétaires redoublent d'énergie au travail et moi je me retire sournoisement dans un coin pour faire l'appel qui scellera ma «trahison». À toute vitesse, je débite les informations nécessaires à l'agent et expédie par messager les fameux diplômes — miraculeusement retrouvés — au bureau du personnel du ministère, ce qui me procure une illusoire sensation de soulagement. Il ne me reste plus qu'à penser à autre chose.

Quinze jours plus tard, je reçois le téléphone que je n'ai pu m'empêcher d'attendre et de souhaiter. De nouvelles portes s'ouvrent devant moi; il me faut maintenant fermer les anciennes et leur tourner le dos, ce qui ne va jamais sans douleur. Comment quitter sans émotion ceux qu'on aime? Pourrai-je un jour accepter sereinement les départs et les ruptures?

La décision irrévocable d'abandonner mon poste est enfermée dans une enveloppe que mes ingénieurs de patrons reçoivent en plein coeur d'une réunion. À la fin de la journée, ils me convoquent et je confirme ma démission de vive voix. À mon grand soulagement, je sens qu'ils sont sincères lorsque, après m'avoir exprimé leur regret de me voir partir, ils me félicitent chaleureusement.

Je me souviendrai toujours de mon dernier jour chez les ingénieurs. Pour souligner mon départ, les quatre associés ont convié toute l'équipe des secrétaires à un souper splendide à l'Osteria Del Cacciatore. Entre les bouquets ravissants, la nourriture de choix et les grands crus, je suis à la fois triste, émue et enchantée.

Un peu ivres, nous allons ensuite danser chez H. Henri Club, à mon grand plaisir. C'était exactement ce dont j'avais besoin: bouger, bouger jusqu'à ce que la musique s'empare de mon corps et me vide la tête. Danser toute la nuit pour enterrer le passé, jouir du présent et cesser de me demander ce que me réserve l'avenir.

CHAPITRE 3

Cette fois, je ne suis pas en avance au rendez-vous. Je suis essoufflée, je boite encore plus que d'habitude, j'ai mal mais j'entre dans la salle d'attente de l'Institut en même temps que le docteur Leclair. Je la suis dans son bureau. C'est la deuxième fois que je m'assois sur cette chaise et j'ai encore moins envie de parler que la première.

Je ne suis pas à l'aise avec cette psychiatre, au contraire. Cela tient peut-être à nos personnalités, si différentes. Nous sommes face à face et, entre nous, ne circule que de la froideur. Peut-être est-ce à cause de moi ou, plus précisément, de ma situation: certains facteurs extérieurs m'incitent à rester discrète avec le docteur Leclair sur ma vie privée: Jean-Marie travaille dans le même hôpital, nous avons déjà habité la même petite ville, etc.

Bref, je n'arrive pas à étaler ma vie devant elle. Il me semble qu'elle intellectualise nos rencontres. J'ignore tout de la psychologie, sinon l'essentiel: comme bien des gens, j'ai déjà philosophé sur la douleur. Mais désormais la souffrance physique et morale est *mon* lot et n'a plus rien de théorique. Je suis atteinte profondément et personnellement, et je me referme. D'autant plus que mon besoin de consulter un «psy» n'est pas le fruit d'une démarche personnelle; je ne suis venue la voir que parce qu'Avrum, mon avocat, me l'a demandé. L'enquête du coroner ne fait que débuter et les poursuites ne sont pas engagées. Pour mes proches, ces visites psychiatriques ne représentent qu'une formalité reliée aux poursuites que je devrai intenter contre Québécair. Enfin, que Jean-Marie intentera en mon nom parce que je ne m'occupe de rien; je fais ce qu'il me dit.

Ce jour-là, donc, je suis assise devant elle, enfermée dans mon silence et dans ma méfiance. Je résiste. Pourtant, même si je suis seule à le savoir, j'ai un immense et pressant besoin de parler et cette thérapie est indispensable. Mes efforts pour surmonter les séquelles de l'accident me semblent de plus en plus pénibles, pour ne pas dire surhumains.

Guerre d'usure. Guerre des nerfs. Larmes et silences. Pourtant au fond, je garde encore de l'espoir.

Je cherche en vain un papier-mouchoir. Je dois

renifler ma peine, l'essuyer à mains nues, et j'ai honte.

«Moi qui ne pleure jamais à la maison. Que c'est bête...

— Pourquoi retenez-vous vos larmes à la maison?

— Lyse a déjà assez de peine. Et Jean-Marie me connaît ... courageuse. Ils me trouvent forte et solide. (Silence) Peut-être que je tiens à cette image...»

Silence. Larmes. Silence encore. Je me tais, et je pleure. Elle se tait et me regarde. A-t-elle déjà vu un patient verser tant de larmes? Moi je n'ai jamais entendu pareils silences.

À la fin de l'heure, je sèche mes yeux, je la remercie et je me lève. Cette fois, elle articule clairement:

«À la semaine prochaine.»

Lyse et Jean-Marie travaillent. Je suis seule et le téléphone sonne. Impossible d'accourir comme autrefois. Je compte les coups. Soyez patient à l'autre bout. Attendez-moi, je vous en supplie. J'arrive. Aussi vite que je peux. Même si ça fait mal. Très mal.

C'est un homme. Je n'entends pas bien ce qu'il dit et je n'ose pas lui demander de répéter. À lui seul, le mot coroner me terrorise.

«Un huissier vous livrera le subpoena», conclut-il.

Je panique jusqu'à ce que Jean-Marie revienne.

«Inutile de te bouleverser à ce point, pour l'enquête préliminaire, rassure-t-il, je viens de parler à ton avocat. Tu n'es pas en état d'aller témoigner à Québec, malgré leur subpoena. Nous allons demander des lettres à ton médecin traitant, le docteur Hadjipavlou, et à ta psychiatre. Cela suffira à justifier ton absence. J'irai à la cour avec ton avocat, ajoute-t-il, si cela peut te soulager.»

Exténuée physiquement et émotivement, je dois me rendre à la salle de bain pour libérer ma canule de son excédent de bile. Je n'ose pas regarder ce trou au milieu de mon corps; j'ai peur de voir le vide au fond de moi. Ma peau transpercée par ce tube me fait pitié. Pour lui échapper, je fais toujours remonter les souvenirs d'*avant*.

CHAPITRE 4

Novembre 1978.

Me revoilà Place Ville-Marie. Je me répète, comme pour m'en convaincre, qu'à partir d'aujourd'hui, je travaille au cabinet, que je suis la secrétaire personnelle du ministre de l'Industrie et du Commerce. Malgré mes onze ans d'expérience professionnelle, je me sens intimidée, dépassée:

«Téléphonez tout de suite au Premier ministre», ordonne mon patron-baryton. «Je dois le rejoindre de toute urgence.»

Initiation brutale. J'ai du mal à composer les chiffres dans l'ordre tellement je suis impressionnée d'avoir un contact direct avec le numéro un du

Québec. La voix rauque que j'ai entendue tant de fois s'adresser aux foules et aux médias s'adresse maintenant à moi, en privé et il me semble que son timbre n'est pas tout à fait le même. Je parle à René Lévesque et je me sens choyée, privilégiée.

Mon bureau est jumelé à celui du ministre. Je constate que je devrai surmonter le vertige que me donne le va-et-vient continuel de ces hauts personnages dans le décor panoramique de ce 23e étage.

Tour à tour, les autres membres du cabinet viennent me saluer et me souhaiter la bienvenue. Individuellement, les adjoints du ministre me semblent sympathiques bien que je décèle un certain malaise de la part des secrétaires vis-à-vis de moi. Est-ce la conséquence de mon «parachutage» ou tout simplement la distance hiérarchique considérée comme normale dans les milieux ministériels? J'ai l'impression que je ne m'y ferai jamais.

Et ce n'est pas tout. Pour finir cette première journée, mon ministre, qui décidément ne me ménage pas, vient de me lancer:

«Alors, on se voit demain à Québec, entendu?»

«Bien sûr!» Je suis parvenue à répondre comme si j'avais depuis toujours l'habitude de ces voyages imprévus mais mon bluff ne trompe pas le chef de cabinet. Manifestement pas rassuré, il sort de son bureau pour préciser qu'il m'attendra là-bas vers les onze heures.

Le choix du mode de transport est laissé à mon entière discrétion. Je décide donc de suivre le conseil de l'ancienne secrétaire du ministre qui voyageait toujours par le Grand Express, un autobus qui, m'a-t-elle expliqué, offre un service comparable à celui du transport aérien (table de travail, repas, musique, journaux, etc.). Ce confort n'est pas négligeable car, si je comprends bien, même si j'ai été embauchée par et pour le bureau de Montréal, je devrai suivre mon patron dans toutes ses allées et venues et donc être à Québec chaque fois que siège l'Assemblée nationale. Évidemment ces navettes incessantes entre Montréal et la vieille capitale m'obligeront à prendre les bouchées doubles mais je ne me plains pas de cette rupture avec la routine, au contraire.

Je viens de regagner mes pénates à l'hôtel Hilton de Québec et il me semble que pour la première fois depuis mon arrivée dans cette ville, j'ai le temps et l'espace pour repenser calmement à ces premières journées de fièvre.

La vieille capitale m'a séduite dès mon arrivée et j'ai pu constater par l'accueil extrêmement chaleureux du personnel du cabinet que ses habitants avaient autant de charme que leur ville.

Le premier jour, l'ex-secrétaire du ministre m'a fait visiter les locaux du ministère, Place d'Youville. Ministre, sous-ministre et personnel y occupent de vastes pièces décorées avec goût. L'endroit est agréable, sans aucun doute. Et plus j'y pense, plus je trouve que les Québécois de Québec se distinguent des autres par leur allure, leur façon de parler, mais surtout par leur chaleur et leur courtoisie. Peut-être parce qu'ils ont, contrairement au personnel du bureau de Montréal, l'habitude des corps diplomatiques, ils savent être à la fois fiers et simples.

La secrétaire du chef de cabinet ne fait pas exception à cette règle: pour mieux me guider dans mes nouvelles fonctions, Marie-Paule a installé provisoirement son bureau à côté du mien. Malgré la multiplicité de mes tâches, j'éprouve dès le premier jour la sensation étrange de travailler depuis longtemps au cabinet du ministre. Heureusement d'ailleurs, parce qu'il n'est pas question de jouer à l'ignorante; je dois apprendre à mesure les procédures à suivre et faire comme si je les connaissais depuis toujours. Je me sens de taille et, de fait, je m'en tire assez bien. J'ai le tempérament qu'il faut. Au lieu de m'accabler, la tension me stimule au plus haut point.

Ma principale responsabilité consiste à organiser l'emploi du temps du ministre. C'est à moi qu'il revient par exemple de refuser pour lui avec tact certaines invitations, d'en accepter d'autres avec amabilité. Je dois avouer que jusqu'ici je n'avais pas la moindre idée de la quantité faramineuse de sollicitations que subit un ministre. Le téléphone sonne sans arrêt et les visites sont innombrables. J'ai déjà pris l'habitude de ce brouhaha et j'ai maintenant l'impression que le silence nous ferait paniquer bien davantage.

Cela dit, à plusieurs reprises, j'ai vu des membres du cabinet céder à l'énervement devant les directives du ministre. Si l'on ne peut qualifier Rodrigue Tremblay de doux ou de diplomate, et encore moins de flatteur, par contre, il est franc, intelligent et il a très certainement l'envergure d'un leader. Je suis ravie de travailler pour un homme comme lui. Et sans verser dans ma propension naturelle à minimiser tous les défauts d'autrui et à exagérer ses moindres qualités, je suis très sensible à l'entière confiance dont il fait preuve à mon égard et je l'apprécie à sa juste valeur.

À cause de cette confiance, mon travail est passionnant même si mes fonctions m'obligent trop souvent à travailler sans compter mes heures, à oublier celles des repas et des pauses-café. Si le patron travaille entre 16 et 18 heures par jour, sa secrétaire l'épaule naturellement pendant 10, 12 ou 14 de ces heures... Après une journée aussi harassante, je me fais reconduire par le chauffeur et je rentre directement à la chambre impersonnelle qui me sert de refuge. C'est la vie d'hôtel, solitaire et anonyme.

Pourtant, même si ce soir, je pense avec nostalgie à la douceur des repas partagés avec Lyse, à la chaleur et l'intimité de l'appartement, au plaisir des visites-surprises de Jean-Marie, je sais déjà que je ne regretterai pas d'avoir quitté mes chers ingénieurs.

Mi-décembre, grève des autobus. La plupart des membres du cabinet voyagent en avion. Moi, je décide de prendre le train. «Le train brave toutes les intempéries!» répète toujours monsieur Joncas; je donne raison au deuxième chauffeur du cabinet, un pince-sans-rire qui se fait un point d'honneur de me dilater la rate chaque fois qu'il vient me prendre ou me conduire à la gare. Il est drôle comme un singe ce petit homme bas sur pattes qui ne passe jamais inaperçu, et bon comme du bon pain. Alors certains abusent de lui. Cela me révolte. Il n'est pas plus normal d'obliger un chauffeur à aller chercher des condoms que d'exiger qu'une secrétaire brasse des cafés à coeur de jour. J'ai horreur des abus de pouvoir et certains me crèvent les yeux. Éternels problèmes...

Noël. Je peux enfin reprendre un peu mon souffle. Ce congé bien mérité me donne l'occasion de dresser un premier bilan.

La politique commence à me captiver sérieusement et j'ai envie de m'y intéresser d'encore plus près. Bien que Montréal représente toujours pour moi la joie de vivre, professionnellement, je préfère nettement mes activités à Québec. Il me semble qu'une longue carrière m'attend au gouvernement et en mon for intérieur, je caresse le désir de travailler un jour... au cabinet du Premier ministre.

Février. Reprise de la session et avec elle des navettes Montréal-Québec. Un jour, nous restons immobilisés sur les rails pendant huit heures quelque part dans les environs de St-Hyacinthe: «in the middle of nowhere», comme disent les Anglais, je me rends compte que je ne pourrai pas me rendre au Parlement et que je n'aurai que le temps de faire une courte halte à mon bureau.

Les pannes de train ont beau être rares, je commence à penser comme mes collègues que l'avion est peut-être le moyen de transport le plus sûr...

CHAPITRE 5

J'entre dans le bureau du docteur Leclair et voilà que la pièce vide et blanche ne l'est plus. Partout sur les murs des dizaines de dessins d'enfants, accrochés n'importe comment, manifestement par les artistes eux-mêmes. Elle reçoit donc des enfants en thérapie... Cela me gêne, je ne sais pas pourquoi.

C'est devenu presque un automatisme. Dès que je franchis le seuil de cette porte, je commence à pleurer. Je ne détourne pas la tête, je n'essaie pas de parler. Je pleure et c'est tout. Le docteur Leclair tente une question sur mes insomnies. Pourquoi est-ce que je ne dors pas. «Pour ne pas mourir. Pour ne pas faire des cauchemars et revivre toute l'horreur de ce que j'ai vécu.» Mais c'est peine perdue: elle me hante jour et nuit. «Il n'aurait pas fallu que je vois les coupures de journaux...»

«Quels journaux?

— Ceux qui ont été publiés immédiatement après l'accident.»

Je les sors de mon sac à main et les dépose sur son bureau.

«Je vous les prête jusqu'à la semaine prochaine. Vous m'y reconnaîtrez. Je vous préviens, les photos sont un peu sanglantes.»

Elle n'a aucune réaction, sinon le geste de les glisser dans son dossier. Du reste, je suis stupide d'avoir apporté ces journaux. À quoi bon?

J'essaie quand même de lui dire ce que j'éprouve à voir mon nom sur la liste des survivants, juste à côté de la liste des morts. «Je me sens aussi coupable d'exister que si je les avais tués.» (Et, tout à coup je comprends pourquoi je suis mal à l'aise en regardant les dessins sur les murs: je sais qu'à travers mes larmes et mon silence, elle écoute l'enfant en moi.) «Quand mon père nous a quittés, je me suis sentie responsable de son départ. Je me sentais coupable de sa disparition.»

Le docteur Leclair me regarde pleurer, silencieuse. Puis, elle agite son crayon dans mon dossier. Est-ce un diagnostic? L'accident m'a rendue folle.

Cette thérapie qui ne devait être qu'une expertise est en fait un véritable supplice moral. Je n'aurais pas dû parler; tant que je gardais le silence, elle n'avait rien à noter dans mon dossier. Aujourd'hui, elle a écrit.

CHAPITRE 6

Dans ma chambre d'hôtel, tout est toujours parfaitement en ordre. Exténuée, je m'installe au lit avec un bloody mary devant les débats télévisés de l'Assemblée nationale pour voir comment s'y débrouille mon tumultueux patron. Mais, est-ce l'alcool ou la grippe que je couve depuis une semaine, j'ai la tête lourde et sans m'en rendre compte, je glisse entre deux oreillers dans un sommeil de plomb d'où ne me tire que la sonnerie du réveil-matin, plusieurs heures plus tard.

Douche chaude et café, et tout le rituel; la robe, le foulard, les bottes et toute une ribambelle de bijoux. J'adore les bijoux, surtout ce coeur en argent que je porte au cou en guise de talisman.

Le ministre est matinal, et je presse le pas dans la rigueur de l'hiver québécois. En arrivant au bureau, je range mes papiers par ordre de priorité et je tourne les quelques pages oubliées du calendrier pour fixer la dernière au 29. Mars à Québec, c'est le février de Montréal. J'ai la tête ailleurs, dans les brumes de la grippe qui m'envahit de plus en plus. Je déplore d'avoir à être au travail dans un tel état, un «batin» du «bois» de «bars».

Autre chose m'empêche de me concentrer. Demain, Lyse, Jean-Marie et moi allons chez le notaire signer un contrat de copropriété. Lyse a déniché la maison de nos rêves dans les annonces classées: un charmant duplex juste devant un immense parc de Westmount. Ce nom de prestige, il va falloir le payer en taxes mais une fois divisé en trois, le coût d'achat de la maison nous semble finalement abordable. Demain après-midi, le 30 mars, en sortant de chez le notaire Clément, elle sera à nous...

«Sortez de la lune! me taquine monsieur Joncas. Où étiez-vous rendue?

— Dans mon nouveau chez-nous...»

«C'est à Québec que vous devriez habiter», me répète-t-il pour la centième fois en éclatant de rire. Comme toujours, sa bonne humeur chasse mes préoccupations. Nous jasons un peu et il me fixe son rendez-vous: il passera me prendre à l'hôtel à 17 h 30 pour me conduire à l'aéroport de l'Ancienne-Lorette. Je n'ai pas de dossiers à trimbaler, à part un gros document solidement relié: l'agenda du ministre: «La poste est trop risquée, prétend le chef de cabinet, il vaut mieux le garder en lieu sûr, c'est-à-dire toujours le traîner avec vous.» C'est ce que je fais.

La journée passe trop vite; je dois me précipiter à l'hôtel pour y cueillir mes bagages. Tel que promis, monsieur Joncas m'attend dans la wagonnette bleue du gouvernement. En bon chauffeur, il range précautionneusement mes valises dans le coffre-arrière et démarre en douceur. Tout le long du trajet, il me raconte les faits saillants de la semaine, à grand renfort d'anecdotes. Nous rions de bon coeur malgré les embouteillages mais, comme d'habitude, j'ai peur de rater mon avion ce qui est un peu idiot, puisque je peux prendre le prochain.

«Vous attraperez facilement le vol de 18 h 45», m'annonce enfin le chauffeur. «Nous aurons même le temps d'avaler un café en vitesse... Venez!»

Nous enregistrons ma lourde valise de toile brune au comptoir des bagages et je glisse sur mon épaule la courroie du sac de voyage où se trouve l'agenda: je me propose de le compléter à bord. Tout va bien, et dès qu'on me donne ma carte d'embarquement, nous nous dirigeons avec empressement vers le café.

Dans le minuscule aéroport, je reconnais plusieurs fonctionnaires. Les gens surveillent l'heure et attendent impatiemment le prochain départ. Et voilà qu'au micro, on demande aux passagers en partance pour Montréal sur le vol 255 de se diriger vers la barrière. J'avale d'un trait le reste de mon café, je coupe un peu brusquement la parole à ce cher monsieur Joncas et, pour me faire pardonner ma hâte, je le salue encore plus chaleureusement que d'habitude.

«Vous êtes un amour. Bon week-end... Je reviens mardi...

— Bonsoir. Faites attention à vous! Et bon voyage!

— Merci encore...»

Derrière les portes vitrées, j'aperçois un confrère de travail, Claude Fluet; d'un geste, je l'invite à se dépêcher mais à son tour, il me fait comprendre par signe qu'il préfère attendre le vol d'Air Canada à 19 heures. C'est donc seule que je prends place dans la file, avec l'assurance de la nouvelle habituée que je suis depuis quelques semaines.

Dehors, les pistes sont couvertes d'une neige fine qui s'élève en tourbillons dans le vent. Il fait sombre, l'air est humide et frisquet. Comme les autres passagers, je m'agite sur place en imaginant combien il fera bon une fois dans l'avion. Juste comme je m'engage dans l'escalier qui mène au F-27, le vent m'arrache ma carte d'embarquement et l'emporte quelque part sur la piste. Un homme bienveillant la ramasse, me rejoint en bousculant un peu les autres voyageurs et me la remet gentiment. J'ai du mal à lui sourire, paralysée comme d'habitude par mon éternel vertige. Dans la porte, une hôtesse nous accueille, souriante, pour nous souhaiter bienvenue à bord; je remarque qu'elle est nouvelle sur ce vol; du moins je ne l'ai jamais vue. Par contre, je reconnais le pilote, le capitaine Bessette, qui la semaine dernière m'a fait visiter la cabine de pilotage. Je distingue aussi la silhouette du copilote qui s'installe à l'autre commande des moteurs; lui, je ne le connais pas. Je m'installe dans le siège numéro 6, au centre du petit avion, là où l'espace semble promettre plus de confort à mes jambes fatiguées. Situé juste sous l'enseigne «sortie d'urgence» mon hublot me permet de voir le bout de l'aile droite de l'oiseau métallique. J'adore regarder par le hublot; je ne m'en lasse pas...

Les passagers s'éparpillent, et plusieurs sièges restent libres. Sur celui de gauche, je dépose mon sac à main et un livre de Paul Toupin, *De face et de profil,* que je traîne, histoire de déguiser ma solitude. Paul Toupin n'est pas seulement l'un de nos plus grands écrivains québécois, mais compte aussi au nombre de mes amis. Quel plaisir de lire ce qu'il écrit comme si j'entendais sa voix me raconter le récit... Je commande une bière en m'extirpant de mon manteau d'hiver que je dépose en paquet dans le compartiment du dessus, et je me rassois avec un grand soupir de soulagement. J'ai un affreux mal de tête mais je peux enfin me détendre...

Les moteurs ronronnent. L'hôtesse se campe devant nous pour le rituel laïus sur les équipements de sécurité; malgré l'automatisme de ses gestes, son sourire n'a rien de mécanique. L'appareil s'ébranle et avance lentement sur la piste 06. Je dépose ma migraine sur la fraîcheur du hublot et je fixe des yeux le train d'atterrissage en constatant que j'ai l'estomac tiraillé par la faim. J'imagine Lyse qui m'attend pour aller souper au restaurant.

CHAPITRE 7

Il y a des heures que j'attends. Je suis à la clinique d'orthopédie pour les contrôles de routine, mais surtout pour obtenir une lettre de mon médecin traitant, le docteur Hadjipavlou, également chef orthopédiste de l'Hôpital général juif. Enfin, il peut me voir. Convaincu que je ne suis pas en état de me rendre à l'enquête du coroner, il me rassure: j'aurai ma lettre.

Il examine d'abord mon genou, me demande comme d'habitude d'essayer de marcher sur le bout des pieds et comme d'habitude, je n'y arrive pas. Il vérifie l'état de ma hanche. Il me répète que je dois travailler avec acharnement en physiothérapie et me conseille d'augmenter mes minutes de marche quotidienne.

Je me rends donc à pied à la clinique psychiatrique, adjacente à l'hôpital. Je dois encore demander une lettre au docteur Leclair. Toutes ces histoires légales me bouleversent. Je dois quémander; il me faut cette lettre dans les plus brefs délais. «Aucun problème», répond le docteur Leclair sans hésiter. Et bien sûr, elle se tait aussitôt; à moi de parler, de lui confier mes peines. Je lui parle de ma jambe, de la souffrance insupportable. Je soulève mon pantalon jusqu'au genou pour lui montrer les longues cicatrices, ce que je viens pourtant tout juste de faire chez l'orthopédiste. Et enfin, j'ose lui demander:

«Vous avez lu mes journaux?

— Horrible! laisse-t-elle tomber en me tendant l'enveloppe qui contient les coupures. Oui, horrible.»

Fidèle à mon habitude avec elle, je fonds en larmes.

«Ici vous pleurez. Mais pourquoi cherchez-vous à dédramatiser l'accident le reste du temps?

— Pourquoi accabler les autres avec mon malheur? Il est impossible d'expliquer ce que j'ai vécu aux bien-portants. Seuls les autres survivants pourraient partager ce lourd fardeau d'atroces souvenirs, de souffrances profondes. Et je n'aurais jamais la force d'en rencontrer un seul, je m'évanouirais. Nous savons trop bien par quoi nous sommes passés. Et nous vivons alors que d'autres sont morts.

— C'est cette pensée qui vous ronge?

— La perspective de l'enquête me mine encore plus. Et puis il y aura le procès qu'il faudra intenter à Québécair. Où trouverai-je le courage de me soumettre à d'innombrables expertises? Selon Jean-Marie et mon avocat, il faudra que je subisse de nombreux interrogatoires. Je n'ose pas m'informer sur les procédures à venir, je laisse tout entre les mains de Jean-Marie. Si je sais d'avance ce qui m'attend, j'ai peur de lâcher pied...»

Je m'enferme dans le silence le reste de l'heure.

Je voudrais bien ne pas avoir à parler, rentrer chez moi et poursuivre ma thérapie, sur papier cette fois, mais toujours dans le silence et les larmes. Mais il faut parler, et garder les yeux secs. Prendre le taxi en face de l'hôpital et entendre, une fois de plus, la traditionnelle question: «Accident de ski, madame?» Je ne réponds pas alors il poursuit: «Faut pas vous en faire, vous êtes jeune et vous vous en remettrez. D'ailleurs, si ce n'était de votre canne, on ne pourrait jamais dire...»

J'en ai ras-le-bol des chauffeurs de taxi, je n'en peux plus d'entendre ce genre de commentaires. Si seulement je pouvais lui clouer le bec. «Vous savez ma p'tite madame, vous n'êtes pas la première que je trimbale à l'hôpital. L'autre jour, j'ai eu un monsieur qui était tombé dans son bain. Ridicule non? Y'en a qui glissent dans l'escalier, qui tombent en bas du trottoir... Moi, tant qu'à me fracturer quelque chose, j'aimerais autant que ce soit à cause d'une vraie bonne chute, pas vous?»

Rien que d'entendre le mot, revoilà la nausée, le vertige. Oui, on peut dire que c'était une vraie bonne chute.

CHAPITRE 8

Les moteurs grondent, le bruit augmente. Les ceintures sont bouclées, les lumières allumées et les cigarettes éteintes. Nous sommes prêts à décoller et j'anticipe le plaisir de l'ascension, cette vibration particulière qui m'envahit chaque fois que je me sens m'élever dans le ciel.

Au bout de la piste, l'avion s'immobilise et ses moteurs vrombissent à pleine capacité. Cambrée dans mon siège, je lève légèrement la tête vers le plafond, un peu pour accentuer la sensation. Ça y est! Nous décollons! Mes oreilles se bouchent instantanément. Par le hublot, malgré l'obscurité, j'aperçois toujours les petites roues, maintenant inutiles, et je guette le moment où elles vont disparaître.

S-O-U-D-A-I-N...

Des bruits horribles éclatent dans mes tympans et je vois jaillir une étincelle géante, monstrueuse. D'autres explosions. Nous sommes dans les airs et rien ne va plus. C'est la fin du monde, mon heure a sonné. J'ai l'impression que mes yeux vont sortir de leur orbite à force de regarder trop intensément la boule de feu sous l'aile, juste à ma droite. Juste là où je suis assise. Je suis terrifiée. On va brûler! C'est la catastrophe, la tragédie et la mort. Que font les pilotes? Je voudrais les entendre au micro. Où est l'hôtesse? Maudit silence morbide! Je ne peux pas crier. On crie quand il reste de l'espoir. Je ne sais plus si l'avion monte ou descend mais le moteur a des ratés. Mon sang se glace dans mes veines. Le spectacle est effroyable. L'hôtesse traverse enfin l'avion de l'arrière à l'avant. Elle regarde l'aile en feu et reste d'un calme stupéfiant. Elle disparaît à nouveau derrière la porte du poste de pilotage. Nous voilà encore seuls dans ce maudit fuselage, désemparés comme si notre mère venait de nous quitter. Je pense à la mienne. Nous allons mourir. Les visages affligés, lugubres. Le temps, une éternité. La peur qui pénètre jusqu'aux os. Les visages de maman, Danielle, Pierre, Bernard, Lyse. Aidez-moi, je vous aime tant.

Mon Dieu, je vous en supplie, je ne veux pas mourir ce soir. Pourquoi suis-je dans cet avion de malheur? Mon Dieu! Je n'ai que 29 ans, mourir un 29 mars, au travail, dans un ciel noir, brûlée par cette boule de feu, ou... écrasée sur le sol gelé. Pitié Seigneur! J'ai peur de brûler. La mort approche, je dois m'y résigner. Non! Non! Attendez!

L'hôtesse revient. Les pilotes sont-ils morts? Électrocutés? Les bruits s'intensifient dans ce ciel d'enfer. L'avion pivote.

«**Attention**», nous dit l'hôtesse. «Écoutez-moi». J'essaie de l'écouter, d'entendre malgré le vacarme. Nous sommes suspendus à son visage qui n'exprime plus rien, à ses lèvres qui ne sourient plus.

Maman!

L'explosion! Le feu! L'hôtesse nous exhorte: «Écoutez-moi, maintenant écoutez-moi, je vous en supplie! Restez calmes et suivez mes conseils! Vous serez tous sauvés, je vous le promets, mais il faut m'écouter...»

L'appareil fait un virage brusque et les passagers redoublent d'anxiété. Quatre hommes se lèvent, ou plutôt cinq, et se précipitent en direction de la porte arrière, là où nous sommes embarqués. Ma foi! ils vont sauter! L'hôtesse les arrête et les repousse énergiquement vers les sièges de l'arrière.

«Attention! Les passagers de droite, veuillez vous lever et venir vous asseoir dans la rangée de gauche. Éloignez-vous du feu! Vite!»

J'obéis. Je quitte la boule de feu que le vent fige dehors, sous mon banc.

Nous allons exploser dans les nuages bien avant que l'appareil ne s'écrase! En nous déplaçant, nous avons provoqué un déséquilibre. L'avion renverse. Personne ne crie. C'est une peur, une terreur muette qui déchire ma gorge. Je me lève et je regarde partout. Les autres passagers restent attachés.

Nous frôlons des toits de maison, tout se bouscule

dans ma tête. Le tonnerre de l'avion me rassoit de force. Je ne veux pas m'attacher, j'ai peur de rester prisonnière de mon siège. À côté de moi, un étranger qui va mourir avec moi. Dans la lumière d'un jaune violent, aveuglant, jaillissent des étincelles. Mon voisin s'empare de ma main et crie:

«What is she saying?

— Look at the fire, we're dying...WE'RE DYING! HELP!»

Le silence enterre tout. Je suis dans un cimetière, la mort m'habite. Je serre de toutes mes forces les doigts de l'inconnu, mais sa main ne répond plus. Je sens les doigts inertes, froids mais je continue de les écraser convulsivement. L'homme ne bouge plus, ne parle plus. Ses yeux ouverts ne clignent plus. Je vais mourir seule! Il ne veut pas m'aider à mourir! Il ne peut plus m'aider... Son visage est exsangue. Il est mort! Pitié Seigneur, je crois que cet homme est mort à mes côtés...

L'hôtesse nous ordonne de prendre la position foetale.

«Rivez vos yeux sur vos chaussures», répète-t-elle presque en criant.

Machinalement, je me lève et je retourne à mon premier banc. Là, je fais ce qu'elle dit, je plaque ma tête sur mes genoux et je la tiens entre mes bras. J'appuie sur mes paupières pour ne plus regarder la mort. Et je vois Lyse. «Attends-moi!»

Je m'agite.

Je boucle et déboucle ma ceinture. La descente s'accentue, nous tombons, les bruits se multiplient, mes tempes vont éclater.

L'avion pique le sol, littéralement. J'ai senti venir le crash, à cause de nouveaux bruits, encore plus assourdissants. La carlingue se fend en deux, juste devant mon banc et je suis propulsée dans le vide. Je meurs dans l'espace... et finalement, j'atterris sur le bassin. Je vole en éclats, je me désagrège. Je suis en miettes sur le sol glacé. Je n'arrête pas de mourir. La peur fait place à la douleur, insoutenable. Une neige fine s'entasse sur mon corps fracturé et gèle mon sang à mesure qu'il s'échappe de moi. J'essaie d'ouvrir les yeux, mais tout est noir dedans comme dehors. Délivrée du labyrinthe, la dame noire s'installe à mes pieds; j'étouffe sous le linceuil blanc.

La souffrance a déserté mon corps. Dans ce champ vert et blanc, personne ne me trouvera jamais. Le vent rugit à en ressusciter les morts. Dans un effort surhumain, j'essaie de me relever mais rien ne bouge. Au loin, je vois notre épave en flammes. Je tremble de tous mes os. Je grelotte jusqu'au fond de l'âme. Je vais mourir de froid.

J'entends des gémissements. Où suis-je? Ce sont des cris de mourants. Je ne suis pas seule, d'autres gens vont mourir avec moi. Je suis une moribonde, j'agonise, j'accueille enfin la mort.

Le claquement de mes dents me réanime mais je n'arrive plus à ouvrir les yeux, je ne suis qu'une plaie béante, je saigne de partout, je perds toute ma chaleur, je meurs de froid.

Il y a une route! J'entends des voitures, des klaxons, des sirènes. Où sont les autres? Les pilotes? L'hôtesse? Pourquoi n'a-t-elle pas voulu s'asseoir? Elle voulait nous sauver. Elle nous a aidés à mourir. Où est-elle? J'entends encore une voix... Oui, une voix en pleine santé. Des pas, juste à côté de moi:

«Sois brave ma petite chouette, on t'a trouvée. L'ambulance est là. Courage!

— Vite! dit-il, il faut faire vite...»

L'espoir s'empare de tout mon être, me stimule le coeur. Je dois revenir du vide, combattre la mort. L'homme m'a sortie de mon calme.

«Je suis gelée, dis-je, même si je ne sens presque plus le froid.

— Non! pas elle!, crie une autre voix. Viens vite par là. Quelqu'un se meurt sous les débris, il est prisonnier de son banc. **Ça va exploser!**»

La terreur à nouveau s'empare de moi. Je veux vivre, et il faut encore mourir. Si seulement je pouvais leur crier:

«Je vous en supplie, enlevez-moi d'ici.»

Enfin on installe mon corps sur une planche, si étroite que j'ai peur que ma tête tombe. Je balbutie:

«Faites vite, je n'en peux plus de mourir.»

Je ne dois pas flancher dans ce corbillard maudit dont les portes se referment. Un jeune homme vient s'asseoir près de moi. Le son aigu de la sirène me fend en deux, comme l'avion. Sous cette infirmerie de fortune, des pneus crissent. Je meurs encore. Brusquement l'ambulance s'arrête, on me sort. Une large porte s'ouvre immédiatement devant mon grabat et une pléiade d'hommes en sarrau blanc me regardent. «État de choc», disent-ils. Tous ensemble, ils poussent et tirent ma civière jusqu'à la salle d'urgence. On déchire mes vêtements englués de sang. Je hurle à pleins poumons: «Je ne veux pas mourir, je vous en prie, je ne veux plus mourir...»

On se rue sur mon corps brisé. «Chut, ne parlez plus.»

«Ayez pitié, ne me laissez plus mourir.»

Personne ne répond. Une femme en sarrau accourt à mon chevet. «S'il vous plaît, votre nom, votre numéro de téléphone?» J'articule le mieux possible les réponses. Lyse m'attend pour le souper.

Elle repart et revient presque aussitôt en courant. Son visage affolé me bouleverse. Suis-je défigurée? L'infirmière a mal compris mon numéro de téléphone. Je le lui répète, puis je demande:

«Donnez-moi un miroir. Donnez-moi un miroir!»

Une voix gémit à mes côtés. La même que dans l'écrasement. Est-ce un passager? Des hurlements déclenchent mon cri. Un médecin vient de me creuser un grand sillon en plein dans l'estomac. J'agonise...

On pousse ma civière devant une horloge. Il est 23 heures. Mon corps tout entier est couvert de pansements. Je respire à peine. Je crois être dans un étroit corridor jusqu'à ce que je lise sur le mur SOINS INTENSIFS.

Une porte vitrée glisse de gauche à droite. Quelqu'un me parle, s'efforce de me sortir de l'état de choc. Je raconte le crash, encore et encore, pour cesser d'en mourir. J'exige sans arrêt un miroir; on finit enfin par me l'accorder. Terrifiée, je me regarde dans la petite glace que tient devant moi une infirmière. Le miroir s'emplit de mes yeux exorbités, de mon visage tuméfié. J'ouvre la bouche et j'examine mes dents, redoutant de les trouver toutes cassées.

Fascinante, une grosse aiguille fait paresseusement le tour de l'immense horloge. Derrière la vitre, l'équipe en blanc me surveille constamment. Paralysée, torturée par la douleur, j'implore leurs médicaments. On me les refuse pour des raisons qui m'échappent, malgré les explications.

Une heure du matin. L'infirmière m'annonce une visite. La mort recule un peu devant ces trois visages en larmes.

À travers ses sanglots, j'entends la voix de Lyse. Mon frère Bernard est là. Et à moins de rêver, je distingue le visage de Gaétan. Il est infirmier; pourquoi pleure-t-il sur mon cas? Sait-il que je vais mourir? Ne leur dis pas! D'innombrables douleurs me harcèlent, m'épuisent mais l'infirmière est formelle; pas de calmants avant huit heures demain matin. Puis je l'entends dire aux miens: «Il faut sortir de la chambre maintenant, elle doit se reposer.»

Comme mon père, ils me quittent, m'abandonnent seule dans le noir. Je ne veux pas mourir dans ce cube, mais combien de temps pourrai-je encore résister? Demain me semble si loin. J'entends l'horloge, le tic tac de l'éternité... Toute la nuit, je me bats pour repousser la douleur, et l'horrible explosion. Enfin, l'infirmière arrive et plante une seringue dans ma fesse gauche. Mes souffrances se transforment en autant de jouissances. Je repars dans les nuages, cette fois sans la moindre tragédie. Mon corps est une plume; je ne vole plus, je flotte. Je ne meurs plus, je rêve sur un coussin d'ouate. Jusqu'à ce que l'on vienne me chercher. On va m'opérer. On m'endort.

«Comptez jusqu'à dix, dit la voix.

— Un, deux, trois, qua...»

CHAPITRE 9

L'orthopédiste a tenu parole: Diane, sa secrétaire, me remet l'enveloppe escomptée. Je n'ose l'ouvrir sur-le-champ mais je ne perds pas une minute pour le faire dès que je m'assois dans la salle d'attente de la psychiatre. La lettre n'a qu'un seul paragraphe:

> Cette patiente âgée de 29 ans souffre d'une sévère causalgie, d'une déchirure ligamentaire, de douleurs au bassin, de fractures des côtes et d'un choc post-traumatique. Elle ne pourra donc pas se présenter à l'enquête du coroner à cause de son piètre état.

Je replie le papier, songeuse. «Piètre état...»: exactement les mêmes mots qu'avait utilisés Lyse quand elle m'a raconté, trois semaines après le crash, comment elle m'avait trouvée aux soins intensifs, elle-même encore sous le choc de la nouvelle. Pauvre Lyse... je n'oublierai jamais le récit qu'elle m'en a fait à l'hôpital, debout à côté de mon lit. Pour une fois, mon amie silencieuse avait besoin de parler:

«Je regardais la télévision en t'attendant. Soudain l'émission a été interrompue par un bulletin spécial sur l'écrasement: selon les premières informations, il y avait très peu de survivants. La caméra nous montrait les restes du F-27 de Québécair... Tout à coup il m'est venu à l'idée que peut-être...

«Prise de panique, j'ai téléphoné à ton frère Bernard: comme il est agent de bord, je me suis dit qu'il serait au courant. «Mais non, voyons. Elle a sûrement pris le vol d'Air Canada à 19 heures», a-t-il tenté de me rassurer. Mais aussitôt que j'ai raccroché, le téléphone a sonné. C'était l'hôpital. J'ai crié: «Est-elle morte?» La femme a répondu: «Non, mais faites vite...» Tout de suite après, c'était ta soeur qui téléphonait et nous parlions encore lorsque Bernard est arrivé: «Viens-t-en, on va chez moi.»

«Gaétan était là, ils devaient souper ensemble. Dans la voiture, la radio ne parlait que de cadavres et on annonçait à mesure qu'on les apprenait les noms des morts. Chez Bernard, j'ai essayé encore de rejoindre Jean-Marie mais comme je n'y arrivais pas, Gaétan nous a proposé de nous reconduire à Québec...heureusement parce que ni moi ni ton frère n'étions en état de tenir un volant.

«Nous sommes entrés à l'hôpital directement par la salle d'urgence, vers une heure du matin, et nous t'avons réclamée; je criais à tue-tête. Je te croyais morte parce que je venais de voir sur le bout du comptoir un sac en papier, avec ton nom écrit en grosses lettres moulées, et duquel dépassait ton chemisier imbibé de sang. À côté, tes bijoux formaient un petit tas. C'était affreusement macabre et je sanglotais sans pouvoir m'arrêter. Un officier de police nous a interpellés: «Suivez-moi!» Je croyais qu'il nous emmenait à la morgue mais il nous a conduits aux soins intensifs où l'infirmière nous accorda deux minutes de visite. Tu étais méconnaissable et tu pleurais à chaudes larmes. Tu souffrais le martyre et on ne pouvait rien faire pour te soulager parce que ta tension artérielle était trop basse. T'administrer un calmant aurait pu t'être fatal. J'étais impressionnée par ton courage. J'ai passé à l'hôtel une nuit aussi blanche que la tienne à l'hôpital.

«Le lendemain, ta mère et ta soeur étaient là avec ta tante Gertrude et ton oncle Pierre et nous avons pu te voir quelques instants avant ton départ pour la salle d'opération. Tu étais dans un si piètre état que je n'arrivais pas à croire que tu pourrais survivre. L'intervention a duré sept heures et j'ai failli devenir folle...»

Pauvre Lyse... Le lendemain, elle avait fait l'aller-retour à Montréal pour signer avec Jean-Marie le contrat de copropriété de notre nouvelle maison. Ils savaient combien je tenais à cette maison et c'était pour eux comme un gage d'espoir en ma survie.

Tout le long de mon séjour aux soins intensifs, Lyse a été incapable de reprendre son travail; tous les jours, elle venait à l'hôpital pour suivre à chaque instant l'évolution de mon état. Pendant que je luttais, entre la vie et la mort, elle me soutenait par sa présence invisible, passant d'interminables heures tout près de moi, dans la salle d'attente de l'hôpital de l'Enfant-Jésus, sans pouvoir entrer parce qu'elle «n'est pas de la famille».

Et moi dans celle de l'Institut de psychiatrie de l'Hôpital juif, voilà à quoi je repense, pour la millième fois. Je ne suis plus entre la vie et la mort, mais je suis toujours dans un piètre état...

Le docteur Leclair me fait signe de la porte de venir la rejoindre dans son bureau; à peine entrée, j'entame ma séance de larmes. Cinq bonnes minutes de larmes chaudes. «Que se passe-t-il?» me demande-t-elle lorsqu'elle sent enfin une accalmie.

«Je viens de recevoir une boîte contenant les effets personnels que j'avais laissés au cabinet. C'est l'agent de personnel qui me les a expédiés. Je me suis sentie comme une réincarnée devant une pile de souvenirs de son autre vie...

— Qu'aimeriez-vous faire s'il s'avérait que vous ne puissiez plus reprendre votre emploi au ministère. Où aimeriez-vous vous retrouver?

— Je n'en ai pas la moindre idée. J'étais si heureuse au cabinet du ministre! Qui voudra de moi? Je ne suis plus que la moitié de moi-même. J'en ai pour plusieurs mois en physiothérapie et je suis submergée par les procédures légales. Elles me rendent encore plus malade que toutes mes blessures.

— À propos, voici votre lettre», mentionne-t-elle, en me la transmettant[1].

Je glisse l'enveloppe dans mon sac, à côté de l'autre.

«L'enquête aura lieu mercredi prochain. Dire que je ne pourrai y témoigner! C'est Jean-Marie qui y assistera à ma place. Vous savez, je ne sais pas ce que je ferais sans lui: je n'y connais rien. Alors il consulte des avocats, et moi, des médecins.

«J'ai l'horrible impression d'avoir été violée. Les enquêteurs ne cessent de me harceler. «Nous pourrions peut-être passer chez vous et enregistrer votre déposition», disent-ils. Mon avocat m'a avisée de ne pas leur dire un mot. Avec eux, il faut que je me taise; avec vous, que je parle. Apprendre à composer entre le dire et le ne-pas-dire... Ils ont retrouvé la boîte noire; peut-être que les pilotes ont parlé... Cette boîte contient-elle la vérité? Je ne sais pas si je veux le savoir, ni même si je veux revoir un jour les autres survivants. Une rencontre ne nous replongerait-elle pas automatiquement dans la peur? C'est la peur qui alimente mes cauchemars et me tient éveillée jusqu'à l'aube, jusqu'à ce que la clarté du jour chasse les fantômes.

— À quoi pensez-vous quand vous ne dormez pas la nuit?

— Aux soins intensifs.»

J'essaie éperdument de me souvenir. C'est un blanc dans ma vie, ils ont anesthésié cette tranche dans mon existence. La nuit, ma tête roule cons-

---

1. Voir annexe I, p. 333.

tamment sur la civière, j'essaie désespérément de la raccorder à mon corps meurtri. Je pense qu'ils ont ouvert ce corps sous les néons... que des bistouris l'ont charcuté, que des mains gantées l'ont rafistolé à l'intérieur, que du fil et des ciseaux l'ont recousu...

«Vous voulez me raconter?» risque-t-elle encore après un long silence.

CHAPITRE 10

Opération. Salle de réveil. Retour aux soins intensifs. On me branche au respirateur artificiel. On immobilise mon bras droit; on le relie à des bouteilles pour que mes veines s'abreuvent de sérum et de sang. Un plâtre paralyse ma jambe gauche, un autre, mon bras droit; mes narines et ma bouche sont obstruées par de longs tubes caoutchoutés. La machine me permet sporadiquement de rattraper mon souffle. Et une série d'injections me plongent dans un état tout à fait étrange.

Je reconnais la voix de Jean-Marie; est-ce lui qui essuie mes larmes? Je vois d'autres silhouettes, j'entends d'autres voix à travers mes sanglots. J'essaie de dire quelques mots; en vain. À cause des tubes, personne ne me comprend. Une des silhouettes me tend une «tablette magique», comme celle que j'avais quand j'étais petite. Mais je ne sais pas écrire de la main gauche; personne ne parvient à déchiffrer mes coups de crayon. Je m'impatiente, une des machines qui me surveillent se met à sonner. Une voix demande à mes visiteurs de se retirer. Des mains me soignent, caressantes. Je retombe dans les limbes.

J'ai mal. Tout mon corps est contracté de douleur. Je pleure. Je gémis. Je sens l'aiguille s'enfoncer dans ma chair. Peu à peu, la douleur recule. Je la sens, mais si lointaine qu'elle devient sensation. Je me masturbe. Je suis inondée de plaisir. Je sombre.

Une main serre la mienne. Très fort. J'entends la voix de ma mère. Très forte. «Ne lâche pas!» La voix de ma mère qui commande. «Ne lâche pas parce que si tu lâches, on va tous lâcher.» C'est un ordre. Mon coeur bat à toute vitesse; la tachycardie lui prouve que j'ai compris. Ensuite, il me semble qu'elle dit: «... ton père».

Ce visage est-il celui d'un fantôme? Je lutte contre l'illusion. Non, il est là, bel et bien là. Sa voix me fait régresser jusqu'à l'enfance. Va-t-il enfin me bercer? Pourquoi est-il venu ici. Une seule explication à sa présence auprès de moi: ma mort imminente. La machine sonne. L'infirmière exige son départ. Voulait-il que je lui donne l'absolution sur mon lit de mort?

D'autres personnages gantés et masqués s'approchent de moi. J'entends «lavement». À plusieurs, ils me tournent sur le côté sans fil. L'eau monte dans mon ventre, ressort. J'ai honte. Je m'enfuis dans un sommeil profond. Une demi-mort.

Je sais que les jours passent. Lentement, je reviens à moi. Je distingue les jours des nuits. J'émerge de la noirceur, pour entrer dans la brume.

Un jour, on me dit que c'est le dix-septième, je suis libérée des tubes qui encombraient mon nez et ma bouche.

Le dix-neuvième jour, on débranche le respirateur artificiel et on me transporte dans une autre chambre, fraîchement aseptisée. Quelqu'un échappe quelque chose et le bruit explose dans ma tête. Tout le film de l'écrasement se débobine. Pour la première fois, je sais que j'ai survécu, que la mort a enfin lâché prise, que je revis.

Il me semble que le crash était hier.

CHAPITRE 11

Crise de nerfs. Subpoena en main, j'explose dans le bureau du docteur Leclair. On soupçonne l'hôtesse de négligence contributive pour nous avoir fait lever durant l'envolée. Survivre à l'écrasement, soit, mais accepter une telle calomnie, jamais! Et je ne serais même pas à l'enquête pour témoigner devant le coroner et crier à la face du monde que cette femme nous avait sauvé la vie en plein ciel, qu'elle s'était littéralement tuée à la tâche.

Et non seulement je ne pourrais pas témoigner en sa faveur mais en y repensant, je crains de lui avoir peut-être nui. Qu'ai-je raconté sur mon lit d'hôpital aux enquêteurs de Transports Canada qui étaient venus m'interroger à deux reprises.

L'un s'était identifié comme psychologue, l'autre comme ex-pilote et ils avaient beaucoup insisté sur les faits et gestes de l'hôtesse. «Elle vous a fait lever?», «Elle a parlé? Que disait-elle au juste?», «Combien de temps est-elle restée dans la cabine auprès des pilotes?»

Le type de questions qu'ils posaient m'avait indiqué qu'ils avaient recueilli des versions contradictoires. Je m'en étais assurée:

«Les autres survivants ne vous l'ont pas raconté?

— Oui, mais personne ne dit la même chose!», m'avaient-ils répondu.

Il est vrai que la perception que l'on a d'un événement aussi dramatique peut être faussée par plusieurs facteurs mais je suis certaine d'avoir raison en ce qui la concerne.

«Docteur Leclair, il faut absolument que j'aille témoigner!»

La psychiatre m'amène à comprendre que l'angoisse que je ressens chaque fois que je pense aux victimes du crash, et à cette hôtesse en particulier, est liée à ma culpabilité d'y avoir survécu et que je dois d'abord et avant tout rétablir ma santé.

Dans le taxi qui me ramène chez moi, je m'avoue qu'effectivement, malgré tout le désir que j'ai de rendre à l'hôtesse une partie de ce que je lui dois, je suis physiquement incapable de me rendre à Québec et que même psychologiquement je n'y résisterais pas. À eux seuls, dans l'état où je suis, les termes légaux suffisent à m'affoler, alors revivre le drame devant des étrangers qui risquent même de m'être hostiles serait très certainement au-dessus de mes forces.

J'ai l'impression que loin de s'alléger, la liste de mes angoisses grandit sans cesse. Face à la machine juridique, je n'éprouve plus seulement de l'impuissance, mais de la colère, voire même de la révolte.

Je constate que ce que j'ai vécu jusqu'ici n'est rien par rapport à ce que je devrai vivre.

Pour l'instant, je ne peux rien mais un jour je proclamerai le courage de cette femme, de tout l'équipage et des sauveteurs qui sont accourus sur les lieux.

Un jour, j'écrirai un livre pour raconter tout cela, pour les familles des disparus et pour les autres survivants... Et pour Danièle, l'hôtesse...

CHAPITRE 12

Je me réveille dans ma nouvelle chambre et je mets quelques instants à comprendre que je ne suis plus aux soins intensifs. Une infirmière que je ne connais pas vient d'entrer:

«Bonjour chouchoune! Bienvenue au cinquième!, dit-elle d'une voix joyeuse. On va prendre soin de toi. Veux-tu un jus? Veux-tu avoir de la visite ou pas? Tu auras tout ce que tu voudras. Je sais pour l'accident, ajoute-t-elle. Tu ne m'en parleras que si tu en as envie. Regarde ce magnifique soleil... Une journée splendide!

— Quelle date sommes-nous aujourd'hui?

— Le 17 avril, mon coco de Pâques.»

Elle s'appelle garde Leblanc, et Dieu sait comment, elle réussit à m'injecter un peu de son énergie. Son optimisme a sur moi un effet placebo.

Je suis à l'hôpital de l'Enfant-Jésus. Je n'ai donc jamais quitté Québec... Le bruit de l'humidificateur me rappelle celui du respirateur et, justement, un par un, les membres du personnel des soins intensifs viennent me rendre visite et me bichonner. Je m'étonne de si bien reconnaître leurs visages, alors qu'ils étaient si flous là-bas. Ici, leurs traits se précisent, ceux de mon infirmier Armand, en particulier. Depuis une couple d'heures, les bouquets de fleurs se sont mis à affluer; certains arrangements me font penser aux salons funéraires mais j'aime beaucoup les plantes et les fleurs coupées. L'un des envois porte un carton signé par les députés... Des télégrammes d'amour s'étaient donc empilés pendant ces trois semaines où je me sentais si seule... Je me gave de tous ces messages et j'en tire un immense réconfort.

Nerveuse, fébrile, je plonge machinalement mes doigts dans l'épaisseur de ma tignasse et... ils s'accrochent dans des nattes. Curieuse, je me tâte le visage et je soulève le tiroir de ma table. Surprise: je me découvre un oeil au beurre noir, et l'autre étrangement poché. J'ai le teint grisâtre et les traits tirés. Bref, je suis pitoyable! Maladroitement, je soulève le drap; un immense plâtre emprisonne ma jambe, de la cuisse au bout du pied; je ne vois que mes orteils et ils sont torturés par d'affreuses douleurs.

D'ailleurs, j'ai mal partout. Je n'arrive pas à bouger la masse de mon corps mutilé. En esquissant un geste pour relever ma chevelure, j'aperçois un long cordon rougeâtre et charnu qui s'étend tout le long de mon avant-bras droit: j'en frémis jusqu'au tréfonds de moi. Je me souviens que jusqu'ici cette horrible cicatrice était camouflée par un plâtre. J'essaie de me redresser un peu mais le mouvement à peine entamé déclenche des souffrances insupportables au niveau de mon bassin et des centaines de petits chocs parcourent ma jambe comme un courant électrique. Partout, ma peau est en lambeau et j'ai l'impression d'avoir été brûlée vive.

Deux infirmières viennent me rafraîchir.

«Demain, on te lèvera ma grande. Eh oui! Nous aurons l'immense honneur de pousser ton fauteuil roulant, peut-être même jusqu'au poste des infirmières.»

Je proteste, la gorge nouée: «Mais je peux à peine lever le doigt. Oh! gardes, je vous en prie, pas demain! J'ai peur.»

Heureusement, le téléphone sonne et j'oublie le reste. L'infirmière me passe le récepteur: c'est ma mère. Enfin une voix «d'avant», d'ailleurs que des soins intensifs. Elle dit: «Courage, courage, je pense fort à toi.» Ce premier appel est suivi de plusieurs autres: des paroles-vitamines qui me prouvent que je ne suis plus seule comme dans l'agonie. Désormais, d'autres vont partager mon épreuve avec moi.

Une visiteuse apparaît dans l'embrasure de la porte: Céline! Elle se précipite vers moi, les larmes aux yeux, et m'embrasse pour la première fois. Puis, j'aperçois Marie-Paule. Ce sont mes collègues du ministère et l'infirmière s'écrit:

«Il y en a d'autres dans le corridor!

— Faites-les tous entrer!» dis-je.

J'ai des sueurs froides et des bouffées de chaleur!

Mille émotions m'assaillent à leur moindre mot.

«Ton visage est différent.

— Tu as perdu tellement de poids, c'est incroyable!

— Est-ce que tu souffres?

— Ouvre un peu ce cadeau.

— Si tu savais comme tu nous as fait peur...

— Reviens-nous vite!

— Bon courage et bonne chance!»

Lorsqu'elles partent, je suis épuisée, vidée.

Toute la nuit, j'ai peur, mal et froid, et je n'ai pour me distraire que les murs et le plafond. À plusieurs reprises, on me braque une lampe de poche en plein front, une boule de feu exactement comme celle de l'avion.

Le crucifix de bois massif m'invite à la prière; je pense à l'hôtesse qui, on vient de me l'apprendre, n'a pas survécu. Je la revois nous exhorter au calme, et je sais que sans le sang-froid qu'elle a montré jusqu'à la fin, je ne serais plus en vie.

Le lendemain, vers neuf heures, deux gaillards viennent se planter au pied du lit; je sais trop bien ce qu'ils veulent et j'ai l'impression que je vais m'évanouir... Je demande la bassine pour retarder l'échéance mais je n'arrive pas à uriner en leur présence. Finalement, je me résigne à les prendre de front: «Vous n'allez tout de même pas me lever», dis-je. En choeur, ils me gratifient d'un oui aussi ferme qu'encourageant. Abasourdie, je me retrouve effectivement assise, et en proie à de nouvelles douleurs et surtout à une angoisse intolérable. J'ai le vertige et quand le fauteuil se met à rouler, j'ai l'impression absurde mais non moins terrifiante que ses roues ne touchent pas le sol. Pêle-mêle, les scènes de l'écrasement se bousculent dans mon esprit. On m'arrête devant une fenêtre: le hublot de l'avion. J'ai peur d'être éjectée de mon siège. La panique me gagne et mon épouvante se traduit par un torrent de sanglots irrépressibles. Une infirmière sort du poste et s'approche de moi. Je la conjure de me ramener dans la sécurité de ma chambre de malade. Là, on me remet au lit, on m'injecte un calmant et je m'endors.

22 avril 1979. Voilà déjà 25 jours que je suis alitée. Le médecin m'expose la situation.

«Vous avez subi de très graves blessures: les ligaments de votre genou gauche ont été déchirés et la rotule, arrachée, ce qui explique que notre intervention chirurgicale ait duré près de sept heures. Les os de votre bras droit étaient en morceaux et nous avons dû y insérer une tige de métal. Vous avez subi des fractures du bassin et du bas de la colonne vertébrale. De plus, plusieurs côtes ont été brisées et l'une d'elle a perforé un poumon.»

Je le bombarde de questions:

«Mais dites-moi docteur, pourrai-je remarcher? Mon poumon est-il guéri? Quand pourrai-je sortir de cet hôpital? Un hôpital pour convalescents? Que voulez-vous dire? Physiothérapie, combien de temps?»

Ses réponses sont peu encourageantes: je m'affole. «Taisez-vous, je ne peux plus vous entendre, docteur.»

«Calmez-vous, il n'y a plus de danger. Je vous

laisse vous reposer.

— Docteur, ne partez pas! J'ai des nausées, je n'ai aucun appétit... Docteur! Merci de m'avoir sauvé la vie.»

Dès qu'il sort de ma chambre, un ami arrive. En fait, l'ami d'un ami...

«Quel miracle que tu sois là! Tu nous as fait une de ces peurs. On a rencontré ta mère... À sa chambre d'hôtel. J'aurais tant voulu te visiter aux soins intensifs. On n'avait pas le droit... Il paraît que tu pourras encore marcher. Même si ce sera difficile. Tu cicatrises bien. Fais voir ton bras. Elles sont drôles tes nattes. As-tu eu peur? Les gens ont-ils crié? Qu'est-ce qu'on peut t'apporter? J'ai vu Lyse. Dieu! ce qu'elle a maigri. Ta vie va changer, n'est-ce pas? J'espère qu'un jour tu vas nous raconter. Les trois membres de l'équipage sont morts. Le savais-tu? Vous n'êtes que sept survivants sur les 21 passagers. Le savais-tu?»

Non, je n'en sais rien. Je ne voulais pas le demander, j'avais peur de savoir. Peur de vivre ce que je vis maintenant...

Toute la nuit, je redouble d'efforts pour reconstituer l'accident le plus précisément possible: il faudra que je raconte le drame dans les détails. Chaque fois que je revis le crash, je meurs à nouveau. Mais je cache mon bouleversement, de crainte qu'on ne m'accorde pas mon congé.

CHAPITRE 13

L'enquête du coroner a duré trois jours et les journaux sont arrivés avant Jean-Marie. Je les ai scrutés à la loupe et j'en ai profité pour lire ceux qui ont été publiés en avril, alors que j'étais encore à l'hôpital. À mon grand soulagement, l'hôtesse a été disculpée comme le reste de l'équipage. Le verdict est clair: il n'y a eu aucune négligence criminelle ni contributive et s'il y a eu erreur humaine, elle doit être attribuée aux circonstances incontrôlables et traumatisantes qui ont marqué le drame.

Pourtant ce que j'ai lu sur le subpoena a fait des ravages en moi. On a beau m'expliquer que c'est le cours normal de la justice, je n'admets pas ces procédures et je les trouve aussi épouvantables que l'accident.

Je suis dans le bureau du docteur Leclair et la séance tire à sa fin. Je me suis encore effondrée en repensant à l'hôtesse. Je me rends compte qu'elle me ramasse à la petite cuillère. Honteuse d'en avoir tant besoin, je débranche mon courage une heure-semaine devant elle et son mutisme a au moins l'avantage de déclencher mes pleurs. J'ai l'impression que nos rencontres sont essentielles à ma santé mentale, que je sens fort précaire, ne serait-ce que parce qu'elles me soulagent de mes larmes.

Pourtant, la thérapie devra prendre fin dans quelques semaines à peine. Le docteur Leclair vient de m'annoncer qu'elle entreprend une nouvelle carrière. Elle suggère de poursuivre ailleurs le travail que nous avons amorcé mais je n'ai pas l'intention de consulter quelqu'un d'autre. Je veux garder ma carapace, mon image de femme forte. Je ne veux pas ouvrir la boîte de Pandore et libérer les fantômes de mon enfance; je veux qu'ils restent barricadés, comme l'étaient mes émotions. Il est déjà assez pénible de traîner ma fatigue d'un bureau de médecin à l'autre, d'un hôpital à l'autre.

Les demandes d'expertises médicales se multiplient. La compagnie d'assurance de Québécair travaille avec zèle, et ses experts aussi. Je fais l'objet d'une enquête; je me sens coupable même si personne ne m'accuse. J'ai survécu et j'attends la sentence. Je sais que c'est absurde. Mais c'est ainsi. S'il n'y avait pas Jean-Marie, je ne sais pas où je trouverais le courage de penser à ma vie, d'envisager un avenir, de m'occuper des poursuites, de demander une compensation. J'ai survécu et d'autres sont morts. Que demander de plus, sinon le pardon.

Et puis je ne connais rien aux affaires légales; jusqu'ici, le seul avocat que je connaissais était Perry Mason. Maintenant, j'ai un avocat qui s'appelle Avrum grâce à Jean-Marie qui l'a prudemment sélectionné le lendemain du crash. Lui seul pouvait le faire.

Depuis que j'ai parlé à la psychiatre, je constate que l'accident ne m'a pas seulement démolie physiquement et que je ne suis pas en voie de guérison. Il me semble que je dois d'abord et avant tout rapiécer mon corps. C'est la priorité et toutes les expertises, tous les spécialistes me le rappellent constamment. J'ai dans mon sac une lettre qui me demande une autre expertise, d'un spécialiste en chirurgie plastique, celle-là. Que dira-t-il de ma carcasse?

Que vont-ils me demander encore? Je suis découragée. Les lueurs d'espoir s'éteignent les unes après les autres à mesure que j'avance dans le tunnel. Vais-je en sortir un jour, pour de bon?

CHAPITRE 14

Nous sommes le 25 avril 1979, et c'est pour moi le grand jour: je quitte ma chambre de concentration à 14 heures sur le dos et en ambulance. Évidemment, je ne demande pas mieux que de retourner chez moi, enfin. Mais ma joie est loin d'être sans mélange.

Les séparations ont toujours été infiniment difficiles pour moi et je quitte cet après-midi les gens qui m'ont fait renaître à la vie et les lieux de cette renaissance. Et même si c'est moi qui pars cette fois, je me sens abandonnée, faible et vulnérable. Les «bonne chance» et «courage» résonnent à mes oreilles comme des voeux de condoléances. Les mains qui jour après jour pendant les trois premières semaines de ma nouvelle vie m'ont soulevée, nourrie, lavée, habillée, déshabillée; les mains qui ont pourvu à mes besoins les plus élémentaires et les plus intimes, s'agitent maintenant dans des signes d'adieu. Je redeviens l'enfant de mon père, j'ai envie de pleurer et j'ai peur. *Ne me laissez pas seule...*

Je suis terrifiée à l'idée de remonter dans l'ambulance. Un siècle s'est écoulé depuis la tragédie mais il me semble encore entendre l'horrible sirène. Je suis encore sous le choc. «Allez! Hop!» et les portes claquent sans pitié, comme une condamnation sans appel.

Me revoilà allongée au beau milieu du matériel de secours mais je me sens en danger de mort. Il y a cette lumière rouge qui tourne et tourne. Comme dans l'avion. Le moteur démarre et le coeur me manque. Le calmant n'a aucun effet sur moi. Chacun des bruits de la ville m'agresse personnellement. Comment en si peu de temps peut-on devenir à ce point sauvage, perdre toute habitude de la civilisation, jusqu'au souvenir de ces sons les plus familiers. Mon passé comme mon avenir sont à des milliers de kilomètres de moi et le trajet de Québec à la rue deNormanville est interminable. J'ai peur. Je me cramponne à la main de quelqu'un comme à cette autre main, juste avant l'explosion et je suis mortellement seule.

L'ambulance s'arrête, les portes s'ouvrent et je suis chez moi, parmi les miens. On me libère sous un soleil resplendissant et j'ai l'impression d'être sous les projecteurs. Lyse, Nicole, Bernard, Tantine et mon oncle Pierre applaudissent cette forme allongée qui revient de si loin. Comme les brancardiers qui reprennent leur souffle au pied de l'escalier, j'ai du mal à respirer. J'ose à peine croire ce que je vois, ce que je sens; une main me caresse, des baisers effleurent mes joues. Peu à peu, je redeviens moi, je pénètre dans la réalité. L'appartement resplendit de propreté. Les ambulanciers demandent où ils doivent m'installer.

«Dans son fauteuil roulant! s'écrie Gaétan.

— Non!» dis-je en reniflant entre mes larmes. J'essaie de comprendre d'où vient ce fauteuil roulant, de m'expliquer la présence de Gaétan, l'infirmier Gaétan... «Je ne pourrai plus jamais marcher, n'est-ce pas?» Il flatte mes cheveux épars, me cajole affectueusement.

«Ne t'inquiète pas, ce n'est qu'une question de temps. Tu y arriveras. Je t'aiderai, je te soignerai aussi longtemps qu'il le faudra. J'ai obtenu un congé spécial de l'hôpital pour prendre soin de toi et je n'ai pas de cours en ce moment parce que l'UQAM est en grève. Je ne te quitterai pas», me rassure-t-il en poussant ma chaise à roues jusqu'au sofa: «Ici, ça te va?»

Mes amies/is m'entourent, me félicitent, me souhaitent la bienvenue. Lyse propose: «Fêtons ensemble ta victoire. Ton médecin t'offre un verre; que désires-tu boire?»

«Ma bière du 29, dis-je. Je trouve que le service a été épouvantablement lent!» C'est ma première blague sur le sujet et ma voix ne sonne pas très juste. Peu importe, la bière arrive...

Une seule gorgée me suffit; exténuée, je réclame mon lit. Gaétan s'empresse: tel que promis, il s'occupe de moi avec des gestes à la fois tendres et professionnels. Chacun de mes efforts pour lui faciliter la tâche est une véritable torture; je me résigne et je me laisse aller dans ses bras pendant qu'il fait passer mon corps-objet du fauteuil roulant à mon grabat où je cherche en vain à retrouver le confort d'autrefois. Plus rien n'est comme avant; même mon lit me semble d'une hauteur insolite après celui de l'hôpital. Lyse ne me quitte pas de la nuit; les seules couleurs de cette nuit blanche sont celles de mes pilules.

Au matin, Gaétan vient la remplacer pour qu'elle puisse aller travailler. Dès qu'il me voit, il devine que je n'ai pas fermé l'oeil de la nuit. Il m'embrasse sur le front et se dirige vers la salle de bain. Quelques minutes plus tard, il revient avec une bassine d'eau fumante: «Pas besoin de m'expliquer, je sais ce que tu ressens. J'ai préparé de l'eau pour te laver.»

Il me retire mes vêtements de nuit, souillés par la souffrance. La douceur de ses gestes m'apprivoise et me calme. Je me laisse laver, brosser les dents, démêler les cheveux, rhabiller de coton ouaté. Je m'étonne qu'il sache si bien contourner mes blessures et manipuler ma carcasse avec à la fois tant de force et de délicatesse, qu'il puisse ainsi me soulever pour m'asseoir dans mon fauteuil roulant d'où je l'observe tandis qu'il change mon lit. Infiniment reconnaissante, je regagne la fraîcheur de mes draps. Gaétan ouvre les tentures, s'absente quelques secondes pour mettre un disque de musique semi-classique et revient m'annoncer le menu du petit déjeuner. Ma faim n'a d'égal que mon besoin de sommeil et pourtant je parviens à peine à avaler une demi-croûte de pain, tant j'ai la gorge nouée. Comme on vient de diminuer le dosage des calmants, mes douleurs sont plus atroces que jamais et ma peur de ne plus jamais remarcher ne fait que grandir au fil des heures, se transformant peu à peu en obsession.

J'ai peur de manger parce que j'ai peur de vivre, j'ai peur de dormir parce que j'ai peur de mourir. J'ai peur du moindre instant de solitude parce que je le vis comme un abandon. Et j'ai aussi peur de savoir la vérité sur ce qui m'attend que de l'ignorer. Tout me semble absurde, et ma vie encore plus que tout.

Pourquoi l'hôtesse est-elle morte? Pourquoi pas moi? Et pourquoi moi? Comment pourrai-je m'acquitter de la dette que j'ai envers elle? J'entends encore ses derniers mots «Restez calme et je vous sauverai». Moi, je n'ai pas pu la sauver.

La mort ne m'a pas encore lâchée. Je survis, mais à quel prix? Moi qui ai failli mourir en plein ciel, suis-je condamnée à vivre mon enfer sur le sol ferme? Je prends conscience que je ne pourrai jamais expliquer, partager mon fardeau avec qui que ce soit. Deux mots s'imposent dans mon vocabulaire intérieur: courage et silence.

CHAPITRE 15

Janvier 1980.

Je suis assise dans le bureau du docteur Leclair pour la dernière fois. Je suis triste au-delà de toute expression, comme chaque fois que je me sens abandonnée. Comme d'habitude, je pleure et comme d'habitude elle se tait. Et moi aussi. À quoi bon parler de mon émotion puisque, somme toute, elle est en parfaite contradiction avec la froideur qui a caractérisé tous nos rapports. Il est normal que cette thérapie se termine comme elle a commencé et comme elle s'est poursuivie jusqu'à ce jour: dans le silence et les larmes. Nous parvenons à peine à formuler de part et d'autre, de timides adieux. Et puis je lui en veux de me laisser entendre que tout en moi est à refaire, que loin d'être débarrassée de mes hantises, je commence à peine à les entrevoir, que mon passé n'est pas exorcisé et que cet accident a eu sur moi l'effet d'un détonateur sur une bombe à retardement. Je la sens inquiète pour mon avenir: «Je vous conseille de consulter quelqu'un d'autre» me répète-t-elle encore une fois avant que nous nous quittions.

Non, je n'irai pas voir quelqu'un d'autre. Non, non et non. Dans le taxi, je m'ancre dans mon refus. Je me dis que j'en ai marre de voir des médecins, et que de toute façon, je ne suis allée la voir que pour obtenir une expertise. Que pleurer et me taire ne m'avance guère et que rien ne sert de réveiller d'anciennes blessures. Que celles qui me torturent actuellement sont bien suffisantes. Mais je ne parviens pas à me convaincre tout à fait...

Le taxi ne me ramène pas chez moi; j'ai rendez-vous au centre-ville avec un chirurgien esthétique. Le building n'a rien d'esthétique lui! Heureusement, je ne vais pas consulter un architecte mais encore un autre médecin pour faire encore une autre expertise. Les gens de Québécair savent que je m'apprête à poursuivre alors je suis à leur merci, et à la merci des experts et des contre-experts. Cette fois, il ne s'agit plus d'évaluer l'ampleur des dommages intérieurs, mais au contraire, celle des dégâts les plus apparents. Et si j'ai trois quarts d'heure d'avance, ce n'est certainement pas parce que j'ai hâte. Comme d'habitude, j'ai mal et j'ai peur.

Une secrétaire d'âge moyen m'accueille, ou plutôt ne m'accueille pas, comme je le constate au premier coup d'oeil. Elle a l'air si revêche, et semble si furieuse de mon arrivée que je n'ose pas l'approcher davantage. Appuyée sur ma canne, je m'empresse de lui expliquer l'objet de ma visite.

Dès qu'elle apprend mon nom, elle s'empresse de me signaler sans la moindre amabilité que je suis arrivée trop tôt: «Votre rendez-vous n'est qu'à 18 h 30» marmonne-t-elle, comme si le fait d'avoir à desserrer les dents l'exaspérait au plus haut point. Je corrige:

«À 18 heures, madame.

— Moi, je vous dis que j'ai inscrit 18 h 30, là, regardez, c'est écrit dans mon livre. Et vous devrez attendre ailleurs; j'ai horreur de travailler en présence des gens.»

Cela dit, elle recommence à taper rageusement. Pauvre clavier!

Comme je suis sur le point de partir, une porte s'ouvre dans mon dos et une voix masculine ordonne à la chipie: «Faites-la entrer, voyons!» Celle-ci se retourne vers moi à regret et me dévisage avec encore moins de sympathie que tout à l'heure. Elle ne cédera pas si facilement:

«C'est pour une expertise? demande-t-elle sur un ton accusateur.

— Exact,» dis-je, réprimant mon envie de fuir à toutes jambes, puisque de toute manière cela me serait impossible...

«Alors, vous me devez cent cinquante dollars, payables maintenant.»

J'entre dans le bureau du médecin. Vient-il à peine d'emménager dans le quartier ou se prépare-t-il à déménager? Petite et étouffante, la pièce est dans un état lamentable; le sol est jonché de la paperasse que le bureau ne suffit plus à contenir, les fenêtres sont si encrassées que la lumière ne traverse plus les vitres, le climatiseur fait un tapage infernal et j'ai du mal à distinguer le visage de mon interlocuteur à travers l'épaisseur de la fumée. L'interrogatoire commence malgré tout:

«C'était le 29 mars, n'est-ce pas? Vous aviez alors 29 ans, n'est-ce pas? C'était un F-27, n'est-ce pas?»

Etc. Puis les ordres, toujours les mêmes:

«Enlevez vêtements et sous-vêtements, et attendez-moi ici.»

Couchée sur le lit, nue comme un vers, j'essaie de ne pas penser et de me contenter d'examiner la pièce, plus minuscule que la première, et encore plus en désordre; les tablettes et le lavabo débordent de flacons vides, d'enveloppes de pansements, de ciseaux, de diachylons et d'onguents de toutes sortes qui semblent y avoir été lancés au hasard. Comment un médecin peut-il travailler dans un tel bordel?

Je m'interroge même sur sa compétence professionnelle lorsqu'il revient, cigarette au bec, et qu'un peu de cendre tombe sur mes genoux. Sans se troubler, mon peu banal spécialiste trouve dans le fatras un ruban à mesurer et fait le tour de mes cicatrices en notant leur longueur sur un carnet.

«Il y en a treize», affirme-t-il d'un ton doctoral (Comme si je ne le savais pas!). «Allez! Rhabillez-vous. J'enverrai mon rapport à votre avocat d'ici quelques jours. Bonne chance!»

Je traverse la salle d'attente en espérant que la chipie m'ignore. Mais elle ne m'épargne rien: «Votre rendez-vous était bel et bien pour 18 h 30! Il vous a reçue avant parce qu'il a toujours aimé me contredire devant ses patients...» Quelle mégère!

En rentrant, je trouve Jean-Marie et je m'effondre dans ses bras:

«Je n'en peux plus! Combien de médecins devrais-je encore voir avant que ça finisse?

— Courage! Pense qu'au moins tu en as fini avec les rendez-vous en psychiatrie. Il faut absolument que tu tiennes le coup, dans ton propre intérêt; pense à ton avenir!»

Déjà, je commence à regretter de ne plus pouvoir compter sur mes séances de thérapie pour laver dans les larmes des journées comme celle que je viens de vivre. Je m'accroche à mon manuscrit comme à une bouée de sauvetage; même si comme ce soir, je n'écris pas une ligne, me contentant de lire et de relire ce que j'ai déjà écrit, comme pour me convaincre que le pire est derrière, que j'ai fait des progrès sensibles depuis mes premiers pas en physiothérapie, six semaines après mon retour à la maison, par une belle journée de juin...

CHAPITRE 16

Juin 1979.

Dans quelques heures, je devrai reprendre l'ambulance: je commence aujourd'hui mes exercices en physiothérapie à l'Hôpital juif. Gaétan ne me quitte pas; jour après jour, il me soutient physiquement et moralement. Il m'a prévenue tout à l'heure qu'il me faudra du courage pour affronter ce qui m'attend à l'hôpital: «Je ne voudrais pas que tu t'imagines que tu n'auras qu'à prendre des bains tourbillons et à te faire masser. La physiothérapie est extrêmement exigeante et, du moins les premiers jours, tes douleurs vont empirer. Mais si tu veux remarcher un jour, il faudra que tu t'acharnes!»

La perspective de revivre le supplice de l'ambulance m'effraie encore davantage; pour ne plus y penser, je me décide à ouvrir l'enveloppe blanche portant le sigle de l'hôpital de l'Enfant-Jésus, que je dois remettre au chef orthopédiste de l'Hôpital juif. J'ai peur de ce que je vais lire et mes mains tremblent en dépliant le rapport du docteur Jude Carrier. Jusqu'ici, j'ai préféré ignorer les «détails»; aujourd'hui, j'ai besoin de savoir, de mettre des mots sur mes douleurs.

Ce que je lis[1] est loin d'être rassurant, d'autant plus que plusieurs mots m'échappent. Il faudra que je me familiarise avec le charabia médical; j'ai appris beaucoup ces dernières semaines mais il est évident que mon vocabulaire reste plus limité que les dégâts qu'a subis mon pauvre corps.

Les brancardiers plaisantent en m'installant sur la civière mais je ne leur rends pas leur sourire; c'est mon corps qu'on attache comme un objet et je frémis sous la pression des sangles. Toujours attentif, Gaétan les déserre d'un cran. Grâce à sa présence, je supporte assez bien le trajet jusqu'à la clinique orthopédique. Mais une fois là, les choses se gâtent. Le médecin m'annonce qu'il faut enlever mon plâtre actuel pour le remplacer par un plâtre de marche; or, depuis mon arrivée, j'entends les cris des malades et l'horrible bruit d'une scie... Je tremble des pieds à la tête et l'attente me semble interminable malgré la présence de Gaétan. J'observe les allées et venues

---

1. Voir annexe II, p. 335.

du docteur Hadjipavlou; il visite d'abord les patients qui ne sont pas accompagnés. Je ne comprends pas ce qu'il leur dit parce qu'il parle, selon les cas, le grec ou une sorte de «franglais» qui me reste à peu près incompréhensible malgré mes connaissances des deux langues officielles. Ce qui ne m'empêche pas d'apprécier sa compétence, d'ailleurs.

Enfin, le cher homme en vert s'arrête à ma civière et me demande comment je vais avant de commencer son examen. Il palpe mes pieds en insistant là où mes douleurs sont les plus vives, entre chacun de mes orteils (causalgie), et explique ensuite à l'infirmier — je le déduis par ses gestes — le genre de plâtre qu'il faut m'installer. Gaétan lui remet l'enveloppe renfermant mon histoire de cas. Après l'avoir parcourue en diagonale, il l'enfonce dans sa poche. Je ne sais pas trop ce qu'on va faire de moi. J'ai compris que mon médecin parle de physiothérapie, de plâtre de marche et d'un anti-douleur, mais j'ignore l'ordre de ces étapes et surtout je n'arrive pas à croire que je devrai subir tout cela dans une même journée. Selon Gaétan, c'est pourtant ce qui se passera!

Lorsque la scie traverse l'ancien plâtre, je panique, certaine qu'elle entaillera ma jambe. Je deviens la victime, et l'infirmier, le bourreau, armé d'un carton, d'une règle et d'un crayon. Heureusement, il y a mon ange gardien, Gaétan, pour m'empêcher de pousser plus loin le fantasme: «Il vient pour l'orthèse, ne t'énerve pas, m'explique-t-il, il faut insérer une sorte de renfort dans le talon de ton nouveau plâtre.» Mais lorsque l'infirmier enfile sur ma jambe le bas orthopédique, je me dis que je ne pourrai jamais supporter la sensation du feu roulant le long de mon mollet et de ma cuisse. Je tremble à un tel point qu'il faut me faire une injection calmante; je reste allongée ainsi durant près de trois heures. Puis, le médecin remet un papier à Gaétan en guise de laissez-passer pour la physiothérapie. Ne voit-il pas que j'ai à peine assez de forces pour rentrer à la maison? Manifestement pas, et il ne me reste qu'à obéir.

La réceptionniste du service de physiothérapie semble encore plus défaite que moi, si c'est possible. «Votre nom, je vous prie?» Gaétan lui présente le papier que nous a remis l'orthopédiste. Elle vérifie la liste et soupire, découragée: «Ah! ces sacrés médecins... vous n'avez même pas de rendez-vous! Je suis désolée mais vous attendrez longtemps: toutes les physiothérapeutes sont prises par d'autres patients.»

Elle tasse ma civière dans un coin car le trafic des fauteuils roulants est aussi dense que celui des voitures en plein centre-ville. Normal: après tout nous sommes vendredi et il est 15 heures!

Une éternité plus tard, on m'appelle enfin. Gaétan pousse mon grabat vers la salle de torture. Je m'attends à tout, sauf au sourire de la jeune femme qui m'accueille. Je reprends vie, j'aime cette voix réconfortante: «Je m'appelle Paula. Venez par ici.» Gaétan me reconduit à l'endroit désigné. Une activité intense règne dans la pièce: les patients se livrent à toutes sortes d'exercices bizarres. Certains soulèvent des poids du fond de leur lit, d'autres s'agitent dans des bassins d'eau et d'autres encore font du vélo sur place.

Je suis à l'horizontale depuis trois mois et voilà que cette Paula me demande de me lever et de marcher. Je crois que je n'y arriverai jamais et pourtant je trouve la force — vient-elle d'elle ou de moi? — de toucher le sol. Gaétan supporte le poids de mon corps et elle me tend les bras: «Allez, viens vers moi, courage!»

Est-ce l'injection ou la volonté de prouver ma force, je réussis à faire quelques pas. Paula fait signe à Gaétan de me laisser aller seule. Et soudain, elle se met à m'applaudir comme une déchaînée. «Bravo! me dit-elle avec enthousiasme. Bravo! You're my pride!»

Je fais ensuite un tour complet du minigymnase, cramponnée de toutes mes forces à une marchette et trop concentrée pour comprendre ce qui m'arrive; je marche enfin!

Après plus de huit heures dans cet hôpital, Gaétan prépare mon retour en ambulance. Je suis complètement vidée en arrivant chez moi et cette nuit-là est ponctuée de bribes de sommeil. Voilà des siècles que je n'avais pas dormi; au propre comme au figuré, j'ai avancé de quelques pas...

CHAPITRE 17

Printemps 1980.

Un autre taxi, un autre rendez-vous dans un autre hôpital, pour une autre expertise. Aujourd'hui, j'attends le docteur Lambert, gynécologue, — ordre de Québécair — pour évaluer la condition de mes organes intimes qui eux, sont en bon état de marche. Il faut ce qu'il faut mais j'ai l'impression d'avoir perdu un droit que je croyais inaliénable, celui de choisir son médecin: Québécair choisit pour moi et c'est son droit.

La porte du docteur Lambert s'ouvre enfin et, surprise, j'aime tout de suite sa tête. J'ai cette habitude — dont je n'arrive pas à décider si elle est bonne ou mauvaise — de me faire une opinion des gens à première vue. Et cet homme me plaît tout de suite.

Il m'inspire confiance avec sa pipe et son odeur de thé des bois. Et dès que nous commençons à parler, mon impression se confirme. Il m'a invitée à m'asseoir et lui est resté debout; il me regarde directement dans les yeux et va droit au but:

«J'ai lu votre triste dossier et, indépendamment de mon rôle d'expert impartial dans la cause qui vous amène ici, je voudrais vous dire que vous êtes un exemple de courage pour l'humanité en général et pour moi en particulier. J'éprouve infiniment de respect et d'admiration à votre égard et je tenais à ce que vous le sachiez.»

Se peut-il que de si belles paroles s'adressent à moi? Ce qu'il vient de me dire agit comme un baume sur mes blessures et ravive justement ce courage dont j'ai tellement besoin. Cette fois, les larmes qui me montent aux yeux sont des larmes de joie et pour la première fois, toutes les questions d'un expert me semblent justifiées, aucune ne m'agresse.

De même, l'examen gynécologique auquel il procède, bien qu'extrêmement minutieux, reste respectueux et délicat. Nous revenons nous asseoir au bureau et, autre première avec les experts, il m'informe de ce que son rapport contiendra, même si ce n'est pas agréable à dire:

«Vos fractures au bassin sont à ce point sérieuses qu'il me faut rendre un verdict d'incapacité d'enfanter. Le poids d'un bébé vous obligerait à garder le lit tout le long d'une grossesse et l'effort que vous devriez fournir pour accoucher risquerait d'entraîner de sérieuses complications. Je suis désolé d'avoir à vous apprendre une telle nouvelle», termine-t-il.

Je ne m'attendais pas à entendre cela et, en effet la nouvelle me frappe durement; j'en ai le souffle coupé. Pourtant, toute son attitude et sa façon de me mettre au courant atténue largement le choc.

La chaleur et la douceur que dégage cet homme sont aux antipodes des comportements «victimisants» et infantilisants des autres experts. Il s'adresse à moi comme à une adulte à part entière et, beaucoup à cause de lui, je réagis en adulte. Je ne me sens pas écrasée par une autre catastrophe.

Je remercie le docteur Lambert et je pars, sonnée par le coup mais bien en vie, même si les pensées se bousculent dans mon esprit.

Je viens d'apprendre que je n'aurai plus jamais le choix d'enfanter. Je viens de perdre un privilège immense, celui de donner la vie à un autre être, juste comme on vient de me redonner la mienne. Peut-être aurais-je dû mettre un enfant au monde avant mes 29 ans? Aujourd'hui, il est trop tard. Je dois m'incliner devant une décision que j'ai évité de prendre jusqu'ici, et que le destin a prise pour moi.

En plein jour, je raisonne le plus sainement possible sur cette nouvelle épreuve. Je ne veux pas me laisser abattre, mon équilibre est trop précaire. Mais une fois la nuit venue, les cauchemars remontent. Je pense à cette femme enceinte qui est morte avec son enfant dans le ventre pendant le crash. Pourquoi pas moi? Pourquoi suis-je encore vivante? Pourquoi la vie — la mort — est-elle aussi injuste?

Est-ce que je méritais cette chance? Plus que cette autre femme qui allait devenir mère? Je vis encore et elle ne vit plus. Ni elle, ni Danièle, ni les 15 autres. Alors je dois payer le prix. C'est le châtiment.

CHAPITRE 18

Juillet 1979.

Une nouvelle douleur s'est terrée sous mon plâtre de marche. N'est-elle que la conséquence normale de mes premiers pas ou autre chose? Je n'identifie pas la source du mal mais je sais qu'il ne fait que s'aggraver. Gaétan a doublé le dosage de mes comprimés et Lyse éponge mon front, en changeant sans cesse de serviette pour qu'elle reste bien froide. Inquiets de constater que ces mesures ne me procurent aucun soulagement, Lyse et Gaétan décident de téléphoner à un ami médecin. Comme mon état empire, après trois téléphones, ce dernier arrive chez moi aux petites heures du matin. En me voyant dans une telle détresse, il caresse mon visage et compose le numéro de téléphone du spécialiste qui s'occupe de moi. À la fin de leur conversation, il nous déclare:

«Nous allons faire revenir l'ambulance. Le docteur Hadjipavlou nous rejoindra à l'urgence de l'hôpital.»

Je reconnais les ambulanciers qui m'ont ramenée aujourd'hui; ont-ils travaillé sans arrêt depuis? J'ai peur qu'ils soient épuisés, qu'ils m'échappent en bas de l'escalier et pourtant, je voudrais qu'ils se dépêchent: «Faites vite, dis-je, je ne pense pas pouvoir résister longtemps à une telle douleur.»

Nous arrivons à l'urgence à quatre heures du matin. Manifestement soucieux, le docteur Hadjipavlou se dirige vers moi; je suis incapable de cacher ma souffrance tandis qu'on m'amène jusqu'à la salle des plâtres. Cette fois, le bruit de la scie ne m'affole plus; c'est la mort que je redoute.

Le médecin m'explique: «Il faut dégager le genou» et il découpe une fenêtre dans le plâtre à l'endroit indiqué. Aussitôt, la douleur se calme: le plâtre trop serré avait bloqué le flux sanguin de ma jambe.

Les ambulanciers me ramènent chez moi. Je ne ferme pas l'oeil de la nuit, la peur de mourir combattant mon besoin de sommeil. L'angoisse déclenchée par ce que je viens de vivre me ramène à la salle des soins intensifs. Je demande à Lyse de me guetter constamment; il me semble qu'en sa présence, je risque moins de sombrer.

Mon désir est exaucé; la nuit, Lyse ne me quitte plus, le jour c'est Gaétan qui veille sur moi. Depuis des semaines, il s'est installé dans mon quotidien bourré d'incertitudes et d'anxiétés. Dès son arrivée, il chasse les signes de mes longues nuits et en lui-même, ce rituel me rassure. Je sais qu'il lavera mon corps, changera les draps, glissera discrètement la bassine au centre du matelas et ira préparer notre petit déjeuner. Ensuite, il me fera faire quelques exercices: «Rappelle-toi, dit-il, que tous tes efforts pour marcher ici diminueront tes souffrances en physiothérapie.»

Encouragée, je progresse effectivement de quelques pas...

Je me souviendrai toute ma vie de ma rééducation en physiothérapie. Le gymnase représente à mes yeux une salle de torture. À tous les malades, Paula ne cesse de répéter: «Si vous avez mal, c'est que vous êtes en train de guérir.» Cette femme m'impressionne plus que tous les autres thérapeutes. Travailler avec elle est une immense chance; il me semble que si elle n'était pas là, je ne pourrais jamais réapprendre à marcher. Aujourd'hui, elle me fixe de ses beaux yeux verts avant de prendre la parole:

«Si tu as confiance en moi comme moi j'ai confiance en toi, on fera la paire. Je vais te faire marcher! Tu vas serrer les dents et tu vas y arriver. À chaque pas, il te faut dépasser la douleur car la douleur t'empêche de fonctionner. Viens, que je te sorte de ce fauteuil roulant.»

Et grâce à ces mots, j'arrive à me lever. Cent larmes pour un pas. Les autres patients m'observent mais moi je suis trop occupée pour les voir exécuter leurs exercices. J'ai quand même remarqué que la préposée aux équipements sort de la pièce dès que j'arrive. Un jour, je l'entends dire: «Je ne veux plus la voir pleurer; je ne supporte pas de voir cette jeune femme souffrir.»

Paula est exigeante et c'est indispensable: la douceur des gestes ne correspond guère aux exercices thérapeutiques. Je préfère sa confiance en moi à toutes les gentillesses. Pourtant, des gentillesses, il y en a aussi. Ainsi, au bout de trois heures d'exercices, Paula me lance toujours: «Veux-tu un bon café?» Et je déguste avec elle un café effectivement meilleur que tous les autres. Ces petites attentions m'intimident un peu: les autres malades n'y ont pas droit.

Paula n'est pas seulement ma physiothérapeute. Elle exerce sur moi une sorte de pouvoir assez difficile à décrire parce qu'il ne passe pas par les mots mais par le regard. Je puise ma force dans ses yeux car la souffrance m'empêche souvent d'entendre ses directives; j'exécute des mouvements comme une somnambule, comme si elle m'hypnotisait.

Tous les matins à la même heure, je retrouve les mêmes patients. Sans mon accident, je n'aurais jamais vu autant de misère humaine. Jambes fracturées, doigts coupés, épaules disloquées, tous viennent dans ce service avec le même espoir: celui de guérir. Mais tous n'ont pas le même seuil de tolérance à la douleur, ni la même force; tous n'ont pas quelqu'un qui veille sur eux avec amour et dévouement; tous n'ont pas autant que moi envie de vivre. J'apprends que j'ai de la chance dans ma malchance.

Paula est Juive. À part mon avocat, je ne connais aucun membre de cette communauté, et j'ai honte de ne rien savoir de sa religion et de sa culture; j'essaie d'y remédier en questionnant Paula et en regardant autour de moi; après tout, je suis dans un hôpital juif... J'apprends à comprendre un peu mieux ce peuple qui d'une génération à l'autre a tant souffert et en a gardé de si profondes cicatrices. J'entends parfois les plus vieux, eux aussi des survivants, parler des camps de concentration; je comprends que ma souffrance n'est rien à côté de la torture réelle, infligée volontairement par d'autres êtres humains.

Après une vingtaine de marathons en physiothérapie, on s'apprête à débarrasser ma jambe de son plâtre de marche. Mon fidèle ami Gaétan m accompagne en ambulance jusqu'à l'Hôpital juif. Le docteur Hadjipavlou m'y «attend» à huit heures mais moi je m'attends à l'attendre au moins huit heures. Je commence à connaître mon métier de «patiente». Allongée sur ma civière au milieu des autres blessés, je reconnais plusieurs visages: nous avons toujours rendez-vous à la même heure. Je dois encore subir les questions des nouveaux venus: «Accident d'auto? De ski? Que vous est-il arrivé?»

Difficile de ne pas répondre, nous sommes tous dans le même bateau! «J'ai eu un accident d'avion.» D'A-V-I-O-N! Toujours la même stupéfaction, les mêmes commentaires: «Vous avez dû avoir peur! Vous deviez être certaine de mourir!» C'est ça ou autre chose: «Combien de morts déjà? C'était un F-27, n'est-ce pas?» Ou bien: «C'était au décollage, je crois. Je m'en rappelle! J'écoutais la radio...» Ou encore: «J'ai un ami qui devait prendre ce même vol, quelle chance! Ou plutôt, quel malheur! Enfin, on ne sait que dire dans votre cas, n'est-ce pas?» Me voyant coincée, Gaétan déplace ma civière à l'abri des regards inquisiteurs. Je vois mon histoire faire le tour de la salle, de bouche à oreille. Certains s'exclament: «Mais oui, elle était là la semaine dernière! Comment, vous ne saviez pas?» Une dame se lève et vient jusqu'à moi:

«Avez-vous des fractures au bassin?

— Oui, dis-je.

— Alors ce sera long, très long. Avez-vous commencé vos exercices en physiothérapie?

— À peine, dis-je.

— Alors ce sera douloureux, très douloureux. Prenez mon cas par exemple. Je me suis fracturé le bassin l'hiver dernier, et le docteur, Hadjipavlou, — j'ai le même médecin que vous, n'est-ce pas? — n'a réussi qu'à l'endolorir. Ah! c'est un bon médecin, ne craignez rien surtout, mais il est trop occupé pour bien soigner ses malades. Si je peux vous donner un conseil...»

Est-ce pour tuer les trop longues heures dans les corridors? Les patients prescrivent aux autres malades ce qui a été bon dans leur cas particulier; la multiplicité des conseils et des prévisions de catastrophes suffirait à inquiéter la plus optimiste des malades. Cette terrible atmosphère d'hôpital accentue mon anxiété de jour en jour. «Que faites-vous sur une civière?» C'est le docteur Hadjipavlou. «Apportez-lui un fauteuil roulant!» Il s'éloigne et revient une heure plus tard: «Debout! Marchez, sinon je ne retire pas votre plâtre. Vous n'avez pas apporté vos chaussures?»

«J'ai des sandales, réplique Gaétan.

— Procurez-vous de meilleurs souliers la prochaine fois. Allons debout! Avancez! Avez-vous fait vos exercices en physiothérapie?

— Oui, dis-je, toute tremblante.

— Et à la maison aussi?»

Gaétan vient à mon secours:

«Elle fait ses exercices tous les jours.

— Bien. Marchez jusqu'à la salle des plâtres.»

Je fais un effort indescriptible pour marcher le mieux possible car si ma démarche est trop tortueuse, je sais qu'on refusera de libérer ma jambe du carcan blanchâtre que je traîne depuis des semaines.

J'attends le verdict avec impatience: «Pas mal. Allongez-vous ici, je vous envoie l'infirmier.» Gaétan m'installe tant bien que mal et nous savourons notre petite victoire. Malgré tout, j'ai le coeur serré.

Une heure plus tard, l'infirmier arrive, la scie à la main. La peur m'envahit à nouveau, en même temps que les dernières images de l'avion qui tombe. J'ai le vertige, et je me recroqueville tandis que la scie entame le plâtre dans un horrible vacarme. Ma jambe va-t-elle exploser? Ma pauvre jambe que je n'ai pas vue depuis plus de trois mois, combien porte-t-elle de cicatrices? J'ai peur de regarder. Gaétan devine ce qui se passe en moi et m'encourage en chuchotant:

«Regarde comme on a fait du beau travail à Québec.»

En vain. Je ne veux pas voir le travail soi-disant artistique du chirurgien. Ma jambe est légère mais elle reste de bois, me semble-t-il, comme un membre artificiel qu'on aurait greffé à ma chair et qui lui serait étranger. Au point qu'elle le rejette.

Sitôt son travail terminé, l'infirmier nous abandonne. Une odeur nauséabonde se répand dans toute la pièce; horrifiée, je constate qu'elle se dégage de moi:

«Gaétan! Je t'en supplie, dis-moi pourquoi ma jambe sent la pourriture! C'est affreux!

— C'est à cause du plâtre, me rassure-t-il, et c'est tout à fait normal.»

Normal, cette puanteur fétide? Je n'arrive pas à y croire! Gaétan en a vu d'autres, pas moi. Personne ne m'a prévenue de ce choc nasal. À force de m'examiner, Gaétan aperçoit une plaie derrière mon talon; il sort dans le corridor en quête de l'infirmier, et revient bredouille:

«Je vais la désinfecter moi-même», m'annonce-t-il en fouillant dans les tiroirs et les armoires pour y dénicher le nécessaire.

Ma honte est encore plus forte que ma peur et je me demande comment nous pourrons supporter plus longtemps cette odeur aussi tenace qu'écoeurante et qui ne semble pas s'atténuer.

Dès que mon talon est pansé, Gaétan me réinstalle dans un fauteuil roulant. Je suis en larmes et complètement épuisée mais il me faut encore attendre le retour du docteur Hadjipavlou pour subir d'autres examens orthopédiques. Et ce n'est pas tout: pour réduire au minimum mes déplacements, on m'a donné rendez-vous aujourd'hui même pour un examen gynécologique. Tous les antibiotiques que j'ai avalés ces derniers temps ont détruit ma flore bactérienne et favorisé l'apparition d'une infection vaginale qui me tracasse depuis quelques jours.

Je passe d'abord les radiographies de la jambe. Dieu merci, le technicien est resté dans sa guérite et se sert du micro pour me donner ses directives car l'odeur ne se dissipe pas aussi facilement que je l'espérais. Gaétan me réinstalle ensuite dans mon fauteuil roulant et nous nous armons de patience.

Finalement, on crie enfin mon nom au micro: je dois me rendre au service de gynécologie. Gaétan y conduit une femme exténuée, apeurée, souffrante et honteuse, tassée sur elle-même sous son drap blanc; et l'attente recommence, une attente de plusieurs heures que seule la tendresse de Gaétan allège un peu. Alors que je n'espère plus rien, une infirmière vient me chercher:

«Nous vous la ramènerons bientôt», précise-t-elle à Gaétan, en poussant mon fauteuil vers une petite chambre entourée de rideaux. Je suis dans un tel état d'épuisement et j'ai si mal que j'en ai des hallucinations: j'ai peur qu'on m'enlève, qu'on me déporte, bref je suis en plein délire et je réclame Gaétan. Peine perdue. Et tout à coup, dans un éclair de lucidité, j'ajoute: «J'exige qu'il assiste à l'examen, c'est mon mari, après tout!» Changement d'attitude: «C'est votre mari! Mais il fallait le dire plus tôt, madame! Je vais le chercher.»

À cause de son nouveau statut, on autorise Gaétan à me dégager de mon drap et à m'installer lui-même les pieds dans les étriers. Et je reste comme ça une autre heure, les jambes écartées, au bord de la folie. Un jeune médecin arrive, accompagné de six autres sarraus blancs. «Vous permettez que ces étudiants assistent à l'examen?», me demande-t-il pour la forme en leur faisant signe d'approcher. Ils sont si nombreux et si sûrs de mon consentement que je ne trouve pas le courage de refuser. Ma honte se multiplie par huit et je me sens obligée de préciser l'origine de ma puanteur et de m'en excuser. Bien qu'on me rassure avec des «Nous avons l'habitude!», je suis profondément humiliée.

«Détendez-vous, voyons! Relaxez!» ordonne le jeune médecin contrarié, en enfonçant son doigt ganté dans mon vagin contracté à l'extrême: «À quand remonte votre dernière relation sexuelle?», demande-t-il, ce qui me rappelle sans ménagement, mon abstinence forcée. «Prenez-vous la pilule?»

«J'en prends des tonnes, mais pas celle-là...

— Le test que je vais vous faire sert à détecter les maladies transmises sexuellement...»

Son ton «averti» m'exaspère au plus haut point et je meurs d'envie de lui demander depuis quand on attrape des maladies vénériennes dans les salles d'opération et sur les civières des hôpitaux.

«Soyez plus calme, voyons! Détendez-vous», insiste-t-il encore.

Je l'étranglerais! Qui pourrait se détendre avec la douleur qui ravage ma jambe et mon bassin, dans cette position grotesque, sous une dizaine de regards braqués sur son sexe? Ce type est peut-être détendu mais il a le cerveau ramolli, c'est sûr. Qu'il en finisse au plus vite et qu'il déguerpisse...

Délivrés de sa présence, Gaétan et moi attendons les résultats des tests. Notre fin-finaud revient au bout d'une demi-heure et nous remet deux bouteilles de pilules, une pour Gaétan et une pour moi. De celle-là, nous avons ri à gorge déployée: mon faux mari était atteint de ma fausse maladie à cause de relations sexuelles que nous n'avions jamais eues, ni dans nos balades sentimentales en ambulance, ni dans leurs romantiques corridors...

À 16 heures, je dois me rendre en physiothérapie: la journée n'est pas finie. «Demandez à Paula de vous apprendre à manipuler les béquilles et rentrez à la maison», m'a recommandé le docteur Hadjipavlou.

Gaétan pousse mon fauteuil roulant jusqu'au sous-sol où Paula accueille une femme défaite. A-t-elle deviné quel genre de journée je viens de vivre? Elle me prend dans ses bras et je fonds en larmes, en m'excusant de sentir mauvais. «Viens par ici, je vais laver doucement ta jambe.» Et pendant qu'elle s'exécute, pour la première fois, j'ose regarder ce corps étranger. Autre surprise: je ne m'attendais pas à la trouver couverte de poils fort disgracieux... «Il ne faut surtout pas le couper, m'avise Paula, souviens-toi que ta jambe est aussi fragile qu'une pierre précieuse.»

Assise sur le bord du lit orthopédique, elle prend ma jambe avec précaution dans la paume de sa main:

«Regarde dans mes yeux et plie-la un peu.

— Tu ne vas pas la casser, dis-je en ne blaguant qu'à moitié.

— Non, je vais plutôt la redresser.»

Je sens ma jambe fondre dans le mouvement de son bras et je me laisse aller. Paula est satisfaite, tout va bien: «Maintenant, tu peux rentrer...» Je m'étonne un peu:

«Et les béquilles?

— Pas de béquilles avant quinze jours. Il faut d'abord te procurer une marchette pour tes exercices, et tu auras encore besoin de ton fauteuil roulant pendant quelque temps.»

Dans l'ambulance, pour la première fois depuis l'accident, je m'endors profondément.

CHAPITRE 19

Mars 1980.

Les expertises médicales ne me laissent aucun répit. Cette fois, c'est chez un autre orthopédiste que j'ai reçu l'ordre de me présenter; il est mandaté par Québécair pour fournir un rapport sur mon état.

Le taxi me dépose dans l'est de la ville; le petit bureau est situé dans un sous-sol et, oh! surprise, je n'attends pas. Le médecin m'accueille lui-même; c'est un homme d'âge mûr qui semble ne pas avoir une minute à perdre. Il entre dans le vif du sujet sans ménagement et moi, instantanément, je me retrouve dans un F-27 en flammes.

«Où étiez-vous assise déjà?» «Qu'avez-vous senti au moment de l'explosion?» «Vous souvenez-vous du moment où vous êtes tombée?» «Où avez-vous senti l'impact?» «Soyez plus précise...» «Pourriez-vous reprendre l'avion?» «Pourquoi ne travaillez-vous pas?» «Où avez-vous mal exactement?» «Quand pensez-vous reprendre votre travail?» «Faites-vous tous les jours vos exercices de physiothérapie?» «Déshabillez-vous. Marchez. Reculez. Tournez lentement sur vous-même. Tenez-vous droite. Penchez-vous. Étendez-vous. Détendez-vous. Levez la jambe gauche. La jambe droite. Pliez le genou. Plus loin. L'autre genou. Poussez le plus fort possible votre pied sur ma main. L'autre pied.» «Pourquoi portez-vous cette orthèse?» «Pourquoi avez-vous besoin d'une canne... Habillez-vous.» «Allez au deuxième étage et remettez ce papier au technicien; je veux de nouvelles radiographies...»

Je me rhabille et je me rends au deuxième, résignée malgré des soubresauts de révolte. Encore une fois je me déshabille, je m'allonge sur la table glacée, surmontée d'énormes appareils. De la cabine, un homme invisible commande et j'obéis: «Respirez. Ne respirez plus. Respirez. Ne respirez plus. Tournez le genou vers l'extérieur. Non, l'extérieur! Encore. Encore un peu. Ne bougez plus. Ne respirez plus...»

Je reviens à la maison, exténuée, dégoûtée et endolorie des pieds à la tête. Ils ne me laisseront jamais tranquille... Au début, je ne comprenais pas pourquoi le rapport extrêmement détaillé du docteur Hadjipavlou ne suffisait pas; les radiographies n'étaient-elles pas éloquentes? Non, m'avait expliqué Jean-Marie, pas pour «la partie adverse». Il fallait tout vérifier, plutôt deux fois qu'une. S'incliner et donner des preuves. Or, ces preuves-là sont inscrites dans mon corps! Preuve que je ne suis plus qu'une pauvre handicapée, preuve que j'ai subi des dommages irréparables, preuve que je ne remarcherai plus jamais comme avant, preuve que je ne pourrai plus reprendre mon travail, preuve que je dois recevoir une compensation alors que je sais, moi, de plus en plus douloureusement, que rien, aucune somme d'argent, si importante soit-elle, ne pourra jamais me redonner un corps intact, une vie intacte.

Je déteste à l'avance cet argent qu'officiellement je m'apprête à réclamer. Je n'en veux pas, il me répugne. Seule, je ne réclamerais rien. Pas un de ces dollars pourris qui ne compenseront jamais rien. Jean-Marie me ramène à la réalité. «Pense à ton avenir; que deviendras-tu si tu ne peux plus travailler?» Justement, c'est à cela que je ne veux pas penser. Je ne veux pas prouver à d'autres que je suis infirme; j'essaie de toutes mes forces de me prouver le contraire, de ne pas le croire; tous les jours, je me bats contre mon corps pour que ce ne soit pas vrai...

Mais je sais que Jean-Marie a raison, que le reste de ma vie, que je l'admette ou non, dépend de ces démarches légales. Alors je fais un compromis. Je l'autorise à réclamer pour moi, je signe des papiers, je vais aux rendez-vous des médecins-experts. Et c'est tout. Pour le reste, j'essaie d'oublier que réclamer de l'argent, c'est évaluer en dollars et en cents chaque incapacité, chaque cicatrice, chaque douleur, chaque pas.

Je lui suis infiniment reconnaissante de m'épargner toutes les démarches dont il se charge. Je sais que mon sort financier, mon avenir matériel repose entièrement sur lui; d'autres me soignent, me dorlotent et je suis parfois tentée d'oublier qu'à un autre niveau, c'est ce qu'il fait aussi, à sa manière. Il faut que je m'en souvienne, que je lui facilite la tâche.

La maladie coûte cher. Chacune de mes petites balades en ambulance se chiffrait à 100 $ et elles étaient presque quotidiennes à l'époque. Je prends tellement de taxis que je tombe parfois deux jours de suite sur le même. Lyse range les reçus en ordre chronologique et ils s'accumulent à une vitesse vertigineuse.

Comme l'accident est arrivé pendant mes heures de travail, le ministère, de concert avec la Commission de la santé et de la sécurité au travail (CSST) continue de m'expédier un salaire. Mais cette situation n'est que provisoire... Je suis encore une malade «toutes dépenses payées» et j'ai de la chance parce que d'autres, dans la même situation ou pire encore, n'ont pas un sou. Et si je ne veux pas que leur sort, sur lequel je m'apitoie, devienne le mien, il faut que j'accepte d'agir.

Oui, je sais, je ne peux pas ignorer que je n'ai pas le choix, qu'il faut qu'une poursuite soit intentée. Merci Jean-Marie de t'occuper de tout et de m'en parler le moins possible.

Mercredi, 5 mars 1980.

Comme tous les soirs, je regarde religieusement le téléjournal de 18 heures avec Lyse qui se détend après une journée épuisante. Jean-Marie n'est pas encore rentré. Bernard Derome me relie au monde extérieur, ce monde où je ne suis plus et qui continue de tourner et de s'agiter sans moi. Je suis allongée sur le sofa, confortablement. Lyse ouvre une bouteille de vin blanc et m'en propose un verre pendant que Bernard Derome lit les grandes manchettes. Et tout à coup...

IL PARLE DE MOI! Il dit que Johanne de Montigny, l'une des sept survivants de l'écrasement du F-27 de Québécair, le 29 mars 1979, vient d'intenter contre la compagnie aérienne et la compagnie Rolls-Royce qui fabrique les moteurs de ces avions une poursuite en dommages et intérêts de QUATRE MILLIONS TROIS CENT SOIXANTE DEUX MILLE CINQ CENT DOLLARS!

Ils sont fous! QUATRE MILLIONS! Qu'est-ce que ça veut dire? Lyse, qu'est-ce que ça veut dire? JEAN-MARIE! Je suis complètement paniquée. Je veux rejoindre Jean-Marie et mon avocat. QUE SE PASSE-T-IL? Lyse essaie en vain de me calmer...

«Ce chiffre n'est qu'une réclamation théorique», s'acharnent à m'expliquer Jean-Marie et Avrum. «Il s'agit seulement d'accélérer le processus de règlement; il n'a rien à voir avec ce que vous recevrez en fait. Demander le maximum fait partie des règles du jeu...»

Comme une espèce de tactique, ai-je fini par comprendre, dont on a oublié de me prévenir tellement je manifestais d'indifférence pour les démarches en cours. Une tactique pour alerter les médias et l'opinion publique, je comprends. Mais pour moi, le choc est brutal.

Le lendemain, à mon grand désespoir, la nouvelle est dans tous les journaux, souvent en page trois, avec mon nom en toutes lettres:

LA PRESSE, jeudi 6 mars 1980

Accident de l'Ancienne-Lorette

POURSUITE DE $ 4.36 MILLIONS CONTRE QUÉBÉCAIR

Une jeune femme de 29 ans, Mlle Johanne de Montigny, qui, jusqu'au printemps dernier était la secrétaire principale de l'ex-ministre de l'Industrie et du Commerce, M. Rodrigue Tremblay, a intenté hier après-midi une poursuite totale de $4,362,500. contre la compagnie aérienne Québécair et la fabricante de moteurs d'avion Rolls-Royce.

Mlle de Montigny avait été l'une des vingt-quatre personnes blessées ou tuées, le 29 mars, dans l'écrasement d'un F-27 de Québécair, alors que l'appareil venait de décoller de l'aéroport de l'Ancienne-Lorette.

Selon la poursuite, l'un des moteurs aurait fait explosion, au moment même du décollage, mais le pilote aurait continué à survoler la piste, et c'est alors que l'avion se serait écrasé.

La poursuite énumère une douzaine de blessures graves qu'elle a alors subies. Après avoir subi plusieurs interventions chirurgicales, la victime doit maintenant s'astreindre à des traitements à la fois physiologiques et psychiatriques.

JOURNAL DE MONTRÉAL,
jeudi 6 mars 1980
POURSUITE DE $4,362,500.

CD- C'est une poursuite de $4,362,500. qui a été intentée, hier, en Cour supérieure contre la compagnie Québécair par Mlle Johanne de Montigny, 29 ans.

Cette poursuite de plus de $4 millions qui vise également la compagnie Rolls-Royce a été intentée à la suite de l'écrasement d'un appareil F-27 à bord duquel elle se trouvait le 29 mars 1979 alors que survint cette tragédie aérienne. L'avion s'est écrasé quelques minutes après avoir quitté l'aéroport de l'Ancienne-Lorette et a entraîné le décès de 17 personnes. La plaignante agissait à l'époque comme secrétaire du ministre québécois à l'Industrie et au Commerce, monsieur Rodrigue Tremblay.

La jeune femme est depuis totalement invalide et donc incapable de travailler en plus d'être toujours sous le coup du choc émotif.

LE DEVOIR, jeudi 6 mars 1980
LE F-27 DE QUÉBÉCAIR: NOUVELLE POURSUITE

Une femme de 29 ans, Mlle Johanne de Montigny, a intenté hier une poursuite de $4,362,500. contre la compagnie aérienne Québécair et les fabricants de moteurs Rolls-Royce, à la suite de l'écrasement d'un avion F-27, dans lequel elle prenait place, le 29 mars 1979.

Mlle de Montigny, qui habite Montréal, agissait à ce moment comme secrétaire du ministre Rodrigue Tremblay à l'Industrie et au Commerce.

L'écrasement de l'appareil, survenu peu après son décollage de l'aéroport de l'Ancienne-Lorette, en banlieue de Québec, avait entraîné dans la mort 17 personnes, en plus de faire de nombreux blessés dont Mlle de Montigny.

Cette dernière, qui gagnait un salaire annuel de $22,707. est désormais totalement invalide et incapable de travailler, en plus d'avoir subi de nombreuses opérations et d'être toujours assujettie à des traitements psychologiques, physiologiques et psychiatriques.

Sa poursuite mentionne que Québécair a fait preuve de négligence en mettant en service un avion en mauvais état et que le fabricant des moteurs doit être tenu responsable également pour les défauts décelés dans l'un des moteurs qui a causé la catastrophe.

THE GAZETTE, Thursday, March 6, 1980
SEEKS $4.35 MILLION
AIR CRASH VICTIM SUES

A 29-year-old Montreal woman, one of seven survivors of a Quebecair crash near Quebec City last March 29, filed a $4.35 million damage suit yesterday against the airline and Rolls-Royce Canada Ltd.

Rolls-Royce was the manufacturer of the engines of the F-27 turboprop which crashed shortly after taking off from Quebec City for Montreal, killing 17 of the 24 people aboard.

Johanne de Montigny alleges in her Superior Court action that the crash was the fault of both companies, since the plane's right engine exploded and fell to the runway during take-off.

de Montigny, who is not married, says that at the time of the crash she was earning $22,700. a year as secretary to the Quebec's industry and commerce minister.

Since the accident, she has been in constant pain, «virtually totally disabled, incapable of doing any work... or participating in social or sports activities or travelling».

She further alleges that as a result of the accident she «will be unable to bear children», and has been under psychiatric care.

Her lawsuit claims $1.5 million for loss of future earnings, $1.5 million for cost of future care, $500,000. for psychological damage, $250,000. for pain and suffering, $250,000. for loss of childbearing capacity, $250,000. for loss of enjoyment of life and $100,000. for cosmetic damage.

La panique est passée mais je reste abasourdie et incrédule. Les 4 362 500 $ que «je» réclame à grands cris dans tous les médias doivent bien s'expliquer quelque part? «En effet, dit Jean-Marie, je n'ai rien inventé. Lis ce document et vérifie toi-même!» Le document est effectivement saisissant:

> Plaise à la Cour d'accueillir la présente demande en condamnant les défenderesses à payer à la demanderesse la somme de $4,362,500.00, avec intérêts et indemnités, à compter de la date du dépôt de la présente action, en appliquant à ce montant un pourcentage égal à l'excédent du taux d'intérêt fixé selon l'article 53 de la Loi du ministère du Revenu (sr. 1964 - c.66) sur le taux égal d'intérêt et les frais, incluant les frais d'expertises.
>
> Montréal, le 28 février 1980
> Orenstein-Ruby-Michelin-Orenstein
> Procureurs de la demanderesse
>
> DÉCLARATION DE LA DEMANDERESSE
>
> La demanderesse déclare ce qui suit:
>
> 1. Qu'en tout temps pertinent aux présentes, la défenderesse Québécair

était un transporteur aérien ordinaire engagé, inter alia, dans le transport de passagers;

2. Que la défenderesse effectuait des vols entre les villes de Québec et de Montréal;
3. Que le 29 mars 1979, la demanderesse était un passager à bord du vol 255 de Québécair à Montréal;
4. Que l'avion connu comme un F-27 appartenait et était géré par la défenderesse Québécair;
5. Que ledit avion a été fabriqué par Fairchild Industries Inc. des États-Unis d'Amérique;
6. Que les moteurs dudit avion ont été fabriqués par Rolls-Royce et examinés et réparés par Rolls-Royce (Canada) Ltd;
7. Que le F-27 ci-haut mentionné devait décoller de l'aéroport de l'Ancienne-Lorette dans la ville de Québec et atterrir à l'aéroport de Dorval à Montréal;
8. Que la demanderesse enregistra ses bagages avant l'embarquement, puis embarqua dans l'avion;
9. Qu'à ou environ à 18 h 51 le 29 mars 1979 ledit avion décolla et quitta la piste d'envol de l'aéroport de l'Ancienne-Lorette dans la ville de Québec;
10. Qu'au cours du décollage, le moteur de droite dudit avion explosa et tomba sur la piste d'envol;
11. Que nonobstant ce fait, ledit avion poursuivit sa montée sans le moteur de droite;

12. Que conséquence à ce fait, l'avion s'écrasa, tuant dix-sept de ses vingt-quatre occupants et en blessant sept autres;
13. Que les défenderesses sont responsables dudit écrasement parce que:
    (i) elles furent négligentes et/ou imprudentes;
    (ii) l'avion était sous le contrôle de la défenderesse Québécair;
    (iii) le moteur fut examiné par Rolls-Royce (Canada) Ltd;
    (iv) aucune procédure adéquate fut prise afin d'éviter l'accident;
14. Que les défenderesses sont conjointement et solidairement responsables de tous les dommages dudit écrasement;
15. Que par lettre datée du 11 juillet 1979, la défenderesse Québécair a admis sa propre responsabilité et celle de Rolls-Royce;
16. Qu'avant ledit écrasement, la demanderesse était secrétaire principale de l'Honorable Ministre de l'Industrie et du Commerce;
17. Que la demanderesse gagnait approximativement $22,707.00 par année;
18. Que la demanderesse âgée de 29 ans et célibataire jouissait d'une excellente santé avant l'accident, également d'un bon travail, d'une vie sociale et sportive, incluant le ski, les voyages, etc.;
19. Que la demanderesse avait un excellent

travail, dont les possibilités de promotion étaient excellentes;

20. Que la demanderesse s'adaptait aux rigueurs et aux tensions existant dans un bureau de ministre gouvernemental, exécutant ses tâches de façon compétente et expéditive;

21. Que suite à l'accident, la demanderesse est virtuellement totalement invalide, incapable d'effectuer tout travail, d'entretenir sa maison et de participer à des activités sociales, sportives ou de voyages;

22. Que la demanderesse a subi les blessures suivantes:

    avant-bras droit: difformité, cicatrices;

    fracture du bassin avec multiples lacérations dans la région du tronc;

    fracture des vertèbres L2, L3, L4;

    déchirure du ligament colatéral;

    paralysie complète du nerf péronier, aggravée par une causalgie;

    fractures multiples des côtes;

    déplacement de l'omoplate;

    maladie pulmonaire restrictive;

    syndrome du vertèbre lombo-sacré avec dysfonction du nerf rachidien S1;

    sciatalgie gauche;

    sensibilité le long du nerf sciatique;

    sensibilité le long de la colonne lombo-sacrée;

instabilité latérale et colatérale du ligament;

névrose anxieuse post-traumatique;

arthrite traumatique;

cicatrices et dommages esthétiques;

contusions multiples et lacérations.

23. Que la demanderesse a subi des soins psychiatriques depuis l'accident;
24. Que la demanderesse est en douleurs constantes depuis l'accident;
25. Que la demanderesse ne pourra plus porter d'enfants;
26. Que la demanderesse a requis des soins d'hospitalisation prolongée;
27. Que la demanderesse a requis et requiert toujours à ce jour de la physiothérapie;
28. Que la demanderesse a requis et requiert toujours à ce jour des soins psychiatriques;
29. Que la demanderesse a subi des interventions chirurgicales à maintes reprises suite aux blessures subies dans l'accident;
30. Que la demanderesse ne peut subvenir à ses propres besoins et doit dépendre de l'aide des autres personnes;
31. Que la demanderesse est devenue totalement invalide suite à l'écrasement;
32. Que la demanderesse ne pourra jamais jouir de la vie comme avant l'accident;
33. Que la demanderesse est en douleurs constantes, incapable de s'asseoir, de

s'étendre ou de marcher sans subir de malaises;

34. Que la demanderesse est incapable de marcher ou de s'asseoir pour des périodes prolongées;

35. Que la demanderesse est incapable de travailler présentement et ne sera pas capable dans l'avenir;

36. Que la demanderesse exigera de l'aide pour l'entretien de sa maison, de l'aide aussi pour assurer ses déplacements;

37. Que la demanderesse a subi des dommages et réclame les montants suivants:

— pertes de salaires futurs	: $1,500,000.00
— coûts pour soins futurs	: 1,500,000.00
— douleurs et souffrances	: 250,000.00
— perte de jouissance de la vie	: 250,000.00
— dommages esthétiques	: 100,000.00
— dommages psychologiques	: 500,000.00
— perte pour incapacité de porter un enfant	: 250,000.00
— dépenses personnelles	: 10,000.00
— perte des bagages et d'effets personnels	: 2,500.00
TOTAL	: $4,362,500.00

38. Que les défenderesses sont conjointement et solidairement responsables vis-à-vis de la demanderesse;
39. Que la requête de la demanderesse est bien fondée en faits et en droits;
40. Que les défenderesses sont redevables à la demanderesse pour ledit montant.

Ce qui me semble le plus incroyable c'est que certaines personnes aient pu évaluer en sommes d'argent, et avec autant de précision, des handicaps et/ou des dommages physiques. J'ai des frissons dans le dos en consultant le petit livre intitulé *Barème des déficits anatomo-physiologiques,* qui a servi à m'évaluer. La méthode est simple: on fait l'énumération des pertes et on les traduit en pourcentages d'incapacités. Par exemple, si vous avez une cicatrice de 4 cm sur la face antérieure du genou gauche, l'expert feuillette son petit livre et constate qu'une telle cicatrice sur une jambe (de femme) équivaut à 2% ou à 3% d'incapacité permanente et/ou partielle.

Tout se chiffre dans cette petite bible de l'expert, et tout se nuance selon que vous êtes femme ou homme, jeune ou âgée/é, célibataire ou mariée/é, etc. Pour transformer le pourcentage d'incapacité en sommes d'argent, on se base sur le salaire de la victime au moment de l'accident et le tour est joué! À condition toutefois qu'il y ait bel et bien dommage physique car, à lui seul, un traumatisme psychologique ne permet pas de réclamer une compensation; il n'est pas quantifiable, démontrable, mesurable, alors le petit livre n'en tient pas compte. La loi ne prévoit d'indemnité pour les dommages psychologiques qu'à condition qu'ils soient directement reliés aux dommages physiques. Nos lois sont faites par des hommes bien portants, physiquement et moralement qui, comme Thomas, veulent mettre leurs doigts dans des plaies!

Le téléphone ne dérougit pas. J'ai la migraine et, surtout, la nausée.

«Tu vas être multimillionnaire! Bravo! Que ferastu de tout cet argent?

— Tu as souffert, mais je voudrais bien être à ta place pour récolter l'argent...

— C'est payant un accident! C'est un mauvais moment à passer mais ensuite...

— N'accepte jamais de régler à moins de 3 millions. L'ami de la soeur du beau-frère de mon mari a eu un accident de voiture et depuis il regrette de ne pas avoir lutté jusqu'au bout devant les tribunaux... Vas-y!

— Quelques millions, ça console tout de même. Combien penses-tu recevoir au juste?

— Le neveu du beau-père de ma meilleure amie a fait des placements très intéressants en Suisse. Veux-tu le rencontrer?

— J'ai l'intention d'investir dans un restaurant et j'ai toujours pensé que tu serais une extraordinaire associée.

— Je te téléphone parce que je connais ta générosité; nous avons fondé une entreprise à but non lucratif mais nous manquons de liquidités pour faire marcher la boîte. Peut-être pourrais-tu...

— Écoute, je suis dans une impasse en ce moment et j'aurais besoin d'un peu d'argent... Je me suis dit qu'étant donné ta situation...

— Tu ne seras plus parlable!

— Tu devrais changer d'avocat; le tien est complètement dingue!»

Ça n'arrête pas et c'est insupportable. Que c'est laid l'argent, que c'est odieux! Je n'ai même plus la force d'expliquer aux gens que pour le moment, je n'ai pas reçu un sou. Et que ces quatre millions n'ont aucune réalité ni dans le présent ni dans l'avenir, qu'il ne s'agit que d'un moyen de pression pour que Québécair propose un règlement hors cour dans les plus brefs délais. Et que de toute façon, je renoncerais gaiement à ces millions pour retrouver ne serait-ce qu'une partie de ma santé d'antan. Qui me croirait?

Je suis prise au piège. Ne pas guérir trop vite parce que personne ne croira que la demanderesse a tant souffert. Ne pas sourire parce qu'on dira que la demanderesse va mieux. Ne pas se réjouir d'être délivrée du plâtre, du fauteuil roulant, de la marchette, de l'orthèse, des béquilles, des traitements psychiatriques, des médicaments, car toute cette belle misère est garante du montant d'argent que la demanderesse n'aura plus à gagner par un travail quotidien qu'elle adorait. Ne pas s'étonner, ne pas se plaindre d'avoir à prouver un par un les mille et un dommages que votre corps et votre état mental ont subis. Prouver que vous êtes infirme, invalide, que vous n'êtes plus bonne à rien, tout ça pour soutirer sou après sou cet argent qui vous dégoûte et dont dépend le reste de votre vie. Prouver, et prouver encore, inlassablement. Répéter et répéter encore toute l'histoire, toutes les séquences du drame que vous voulez oublier un jour mais qu'il vous faut raconter, et raconter encore aux orthopédistes, neurologues, psychiatres, psychologues, chirurgiens, radiologistes, technologistes, avocats, enquêteurs, plasticiens, omnipraticiens, infirmières, juristes, gastro-entérologues, nutritionnistes, gynécologues, physiothérapeutes, pneumologues, allergistes, oto-rhino-laryngologistes, obstétriciens, dermatologues. Préciser les faits, en faire la preuve avec votre propre peau, vos propres os à des gens qui ne peuvent pas ou ne veulent pas comprendre, à des gens qui sont payés pour vous faire renoncer à une partie de la poursuite.

Revivre encore et encore le drame, dans un cauchemar, dans un manuscrit, en thérapie, sur un dessin, dans une réunion de famille, chez des amis. Le raconter en long et en large à certains, le cacher à d'autres: à une nouvelle connaissance, à un chauffeur de taxi, à un enfant, pour ne pas avoir à affronter leurs réactions.

Essayer de comprendre que les gens ne comprennent rien, qu'entendre parler de millions alimente leurs rêves les plus fous au point de les rendre sourds et aveugles à ma souffrance. Me souvenir que j'ai moi aussi entretenu l'espoir de gagner à la loterie et accepter que les autres ne voient pas la différence entre la chance et la malchance. Entre l'argent qui tombe du ciel et la femme qui, elle aussi, tombe du ciel et se brise tout entière en touchant le sol, vivante parmi les cadavres, survivante parmi les autres vivants.

CHAPITRE 20

Fin juin, 1979.

Luttant dans une misère que personne ne peut imaginer sans l'avoir connue, je m'acharne à mettre les pieds au sol, à leur faire exécuter ces mouvements si simples autrefois et qui relèvent maintenant de l'exploit. Suspendue entre mes béquilles, je me concentre sur les gestes et les explications de Paula qui m'enseigne à franchir un obstacle apparemment insurmontable: les escaliers. Je m'obstine et je grimpe, les dents serrées, chancelante, terrifiée à l'idée de dégringoler mais aussi déterminée à quitter pour toujours le fauteuil roulant. Je marche sur des épines, mais à force de volonté, je recule mon seuil de tolérance à la douleur. Je me cramponne à la vie comme la douleur se cramponne à moi. Pour combien de temps encore?

C'est la question qui me brûle les lèvres, sans que j'ose la poser à Paula. Mieux vaut rester dans le vague, quitte à ce que l'incertitude s'infiltre dans tous les recoins de ma vie. Je viendrai dans ce gymnase tous les jours et tous les jours je travaillerai de toutes mes forces pendant quatre ou cinq heures, pour une période indéfinie, tant qu'il le faudra, puisqu'il n'y a rien d'autre à faire.

«Pourquoi ne retournerais-tu pas chez toi en taxi», me lance un jour Paula à la fin d'une séance. «L'ambulance, c'est pour les grands blessés, non?»

Ai-je bien entendu; un regard à Gaétan qui hoche la tête en guise d'approbation suffit pour m'en convaincre. Il sourit devant mon ahurissement.

«J'appelle un taxi, s'empresse-t-il de dire. Adieu ambulance!»

Gaétan, précieux Gaétan qui me transporte dans ses bras jusqu'à la voiture, m'installe sur la banquette arrière, place mes jambes le mieux possible, cherchant à me procurer un confort que je suis loin de trouver. Lui s'assoit à l'avant mais se tourne vers moi, protecteur. Le taxi démarre.

Les arbres filtrent le soleil de midi, d'étranges sensations s'emparent de moi, un sol s'effondre, des voitures s'empilent, une rue me saute au visage, mon siège s'envole, j'atterris quelque part dans la rue, en plein trafic.

Le chauffeur ne saura jamais pourquoi la femme qu'il dépose rue deNormanville semble si tourmentée par les moindres bruits de la vie extérieure, pas plus qu'il ne saura que, malgré un généreux pourboire, notre trajet si familier nous coûte 45 $ de moins que d'habitude.

Au pied de l'escalier, je m'arme de courage et Gaétan de patience; quinze minutes plus tard, j'atteins enfin la porte, non plus sur une civière, mais sur mes deux pieds meurtris, fière comme une médaillée olympique.

Une fois dans la maison, je m'écroule sur une chaise de cuisine en lorgnant avec rancune le fauteuil roulant que me propose Gaétan. «Je m'en sortirai, tu entends. Je sortirai de cette foutue chaise sur roues!»

Devant un café, Gaétan m'annonce avec ménagements que bientôt je pourrai me débrouiller sans lui et qu'il devra me quitter pour reprendre son emploi et ses études. Le coeur me manque. Encore un abandon... Encore ce mot, encore cette obsession qui me semble bien plus redoutable que la perspective d'avoir à me tirer d'affaire sans lui.

Gaétan m'habitue progressivement à son absence; il me laisse seule quelques heures par jour, ce que j'arrive à supporter tant bien que mal. Lyse est là la nuit, heureusement, quand l'angoisse me guette, tapie dans la noirceur.

Mon cher infirmier m'accompagne encore à l'hôpital pour la physiothérapie. Entre deux rampes parallèles, j'avance petit à petit. Au bout de la piste, un miroir me renvoie un moment l'image d'une femme frêle et hésitante dans laquelle je n'arrive pas à me reconnaître. D'autres patients me regardent, fascinés par la souffrance qu'exprime tout mon corps. Deux jambes raides et lourdes, bariolées de longues cicatrices encore rougeâtres, tentent désespérément d'obéir aux ordres de Paula: «Avancez! Avancez!».

Oui, il y a un progrès: après trois mois d'agonie, j'ai enfin abandonné l'ambulance et le fauteuil roulant pour me traîner entre deux béquilles...

Gaétan espace ses visites et je fais connaissance pour la première fois de ma vie avec la vraie solitude. Je suis complètement désemparée.

Avec le temps, je commence à comprendre qu'il est inutile de lutter pour ressusciter la femme que j'étais. Je crois qu'en travaillant «d'arrache-pied», je marcherai à nouveau. Mais comment? Et pour aller où? Il faudrait que je réinvente toute ma vie.

Qu'ai-je fait jusqu'à 29 ans? Je me suis contentée d'exister, sans m'attarder un instant sur l'essence de ma vie. Je me sens de plus en plus coupable de survivre; j'ai l'impression de ne jamais l'avoir mérité.

J'ai peur de rencontrer les proches de ceux qui sont morts dans le crash; j'imagine leur révolte devant cette énorme injustice qui m'a *fait vivre* plutôt que d'autres, meilleurs que moi. J'ai eu une chance inouïe mais ma joie de vivre s'est transformée en honte de vivre.

Je sais maintenant que la femme que j'étais autrefois est morte dans l'avion; je suis en deuil d'elle. Deuil de ma santé, de ma carrière à peine amorcée, deuil de tous les sports que je ne pratiquerai plus, du confort et du bien-être que j'éprouvais à vivre dans mon corps.

Mais surtout, je suis en deuil de mon insouciance, de mon inconscience de jadis. Je n'ai plus peur de mourir, j'ai peur d'avoir à mieux vivre, de devoir vivre à la hauteur de cette deuxième existence qui m'est miraculeusement accordée. On ne revient pas de la mort sans raison; alors pourquoi? Pourquoi moi?

Ma dépression s'accentue. Nous déménageons dans quelques jours avec Jean-Marie. Lyse a dû s'occuper de tout, elle est exténuée, à bout de force. Et je ne peux rien faire; je suis invalide, un fardeau.

Pour combien de temps encore?

CHAPITRE 21

Été 1980.

J'ai rendez-vous avec un autre médecin, pour une autre expertise, encore à l'autre bout de la ville, pour moi qui habite maintenant si loin dans l'ouest. En quittant la rue deNormanville, je croyais laisser derrière moi «le pire» des souffrances. Pourtant, si peu de choses ont vraiment changé depuis l'été dernier... et certaines pour le pire.

Depuis un an, je tourne en rond dans une situation inextricable: je réfléchis sur mon passé, je m'inquiète pour mon avenir, pendant des heures et des heures, assise dans le même fauteuil, immobile, silencieuse. Je dissimule mon angoisse et, depuis janvier, comme je ne peux même plus décharger des torrents de larmes chez le docteur Leclair, ma psychiatre muette, mon stress ne fait qu'augmenter.

Je me regarde dans le miroir avant de sortir. Oui, certaines choses ont changé en 12 mois, sinon intérieurement du moins extérieurement. Je marche mieux, et j'ai troqué les béquilles contre la canne; c'est tout de même plus élégant... Autre chose: j'étais squelettique et voilà qu'à nouveau j'ai engraissé terriblement. À défaut d'avoir retrouvé toute ma santé, j'ai retrouvé mes vieux problèmes d'obésité que j'avais réussi à contrôler avec l'aide d'un médecin-nutritionniste pendant l'année qui a précédé le crash.

Dans le taxi, je repense à ce docteur Boileau qui le premier me questionna sur l'origine de ces troubles. À la première visite, il ne plongea pas ses yeux dans les miens: il les fixa sur mes bourrelets. «Qu'essaies-tu de me dire ou de me cacher avec cet excès de graisse?»

Peu à peu, il m'amena à comprendre que toute ma vie j'avais bu et mangé la tristesse causée par l'abandon de mon père. En sortant de l'adolescence, je m'étais lancée à fond de train dans le travail, pour effacer cet «échec», croyant que le succès d'une vie se mesurait à la somme d'énergie dépensée à produire, à plaire, à donner, à sauver la face (des autres), à ne rien refuser, à rire, à faire rire, à bouger, à avancer, à ne jamais tomber et à assister à tous les «party» du monde. Je me voulais sociable, polie, gentille, souriante, généreuse sans limites, accueillante et fine, fine, fine. Il fallait que tout le monde m'aime sinon... on allait m'abandonner.

J'avais de nombreux amis et un seul ennemi: l'alcool. C'est pourtant lui que je fréquentais le plus souvent. À quatorze ans j'ingurgitais déjà une bière comme on avale un verre d'eau. J'appris très vite à m'étourdir, pour ne plus sentir. Boire et manger devinrent mes plus grandes activités; l'alcool avait une telle valeur à mes yeux que j'avais même honte de ceux qui ne buvaient pas; j'en étais venue à les éviter. Inévitablement, mon poids augmenta. Obèse, je devins donc encore plus sociable, plus polie, plus gentille, plus souriante, plus généreuse, plus accueillante et plus fine que jamais. Car les «gros» ont également des affects disproportionnés: ils mangent gros, ils boivent gros, ils aiment gros, ils rient gros, ils parlent gros, bref, plus il y a de «soi» plus, croient-ils, on les aimera «gros».

Avec l'aide du médecin, j'ai découvert que si je le voulais, je pouvais maigrir. Et, effectivement, un an plus tard, à mon arrivée au cabinet, j'avais perdu une quarantaine de livres. Mais l'accident a déréglé le précaire équilibre que j'avais réussi à instaurer.

J'en suis là dans mes réflexions quand le taxi s'arrête devant l'adresse du médecin. Cette fois, c'est un neurologue qu'on a mandaté pour poser un diagnostic sur ma condition.

L'ascenseur me dépose au troisième étage, juste devant la porte de son bureau. Je tends ma carte-soleil à la réceptionniste avant même qu'elle ne me la réclame et je m'assois dans la salle d'attente entre deux patients: «Seigneur, faites qu'on ne me demande pas ce qui m'est arrivé!» «Que vous est-il arrivé?» demande la dame. Mais je suis sauvée par la réceptionniste:

«Venez, le médecin vous attend!»

À travers ses doubles-foyers, le médecin me regarde approcher en fixant mes pieds, puis mes jambes. Son regard s'arrête un long moment sur mes genoux. Enfin, une grosse voix m'ordonne: «Asseyez-vous!» J'obéis, paralysée par le silence qui suit et par la façon dont il m'examine.

«Avez-vous toujours l'habitude de vous asseoir ainsi, dites-moi?

— De m'asseoir comment?

— Eh bien sur la fesse droite... Quel âge avez-vous?», poursuit-il en lisant le rapport du docteur Hadjipavlou où la réponse est inscrite on ne peut plus clairement. «L'interrogatoire sera long, pouvez-vous le supporter?» «J'essaierai», dis-je. Je me sens extrêmement nerveuse et vulnérable.

«Où étiez-vous assise dans l'avion?» Et ça recommence. Une fois de plus je raconte le cauchemar, je réponds aux questions, toutes plus prévisibles les unes que les autres. Sauf celle-ci:

«Pouvez-vous faire l'amour?

— Oui, dis-je timidement.

— Par en avant? Par en arrière?»

La réponse me reste au fond de la gorge. Il continue:

«Vous arrive-t-il de caresser votre «petit Jésus»?

— Quel petit Jésus? dis-je, offensée.

— Soyons plus précis. Voyons... hum... hum... Vous masturbez-vous? Avez-vous un petit ami?»

Je me demande jusqu'à quel point je dois répondre. Mon avocat m'a conseillé de collaborer de bonne grâce avec les médecins-enquêteurs pour ne pas nuire à ma poursuite légale...

J'étouffe ma colère, je ravale des larmes d'humiliation, et je réponds. Il me demande ensuite de passer à la salle d'examen. «Qu'est-ce qui vous fait boiter? Utilisez-vous toujours votre canne? Montez sur la balance. Déshabillez-vous.»

Il m'observe avec un air narquois pendant que je me déshabille. Manifestement, mes réponses le laissent sceptique et mon histoire le fait sourire. Je me demande bien pourquoi.

«Faites voir vos cicatrices. C'est tout? Penchez-vous en avant. En arrière.» Et ainsi de suite pendant une éternité. «Montrez-moi vos seins. Allongez-vous. Levez la jambe. Plus haut ... plus haut.» Il lorgne ma nudité encore un moment et déclare enfin: «Vous pouvez vous rhabiller...» Ce que je m'empresse de faire, croyant en avoir fini avec lui. Mais non: «Rasseyez-vous».

Il vérifie si j'adopte la même posture que deux heures plus tôt. Son ton est de plus en plus accusateur:

«Pourquoi avez-vous débouclé votre ceinture? Autrement, vous auriez peut-être pu vous épargner quelques blessures...

— Écoutez, dis-je, cette fois sèchement, dix-sept personnes sont mortes attachées à leur banc, six ont survécu attachées à leur banc et moi, cher monsieur, je survis même si je me suis détachée quelques secondes avant l'écrasement. Faites vos statistiques, j'ai compilé les miennes.» Il change de sujet:

«Avez-vous repris l'avion depuis?

— Bien sûr que non!

— N'êtes-vous jamais retournée au travail? Vous n'avez même pas essayé? Quels médicaments prenez-vous? Pourquoi des pilules pour dormir?» Etc.

Je tolère cet insolent depuis plusieurs heures me semble-t-il. Essaie-t-il de me faire craquer? Quelle sorte de rapport va-t-il faire à la compagnie aérienne? Quelle sorte de jugement portera-t-il sur mon cas? Se rend-il compte de la gravité des blessures qu'il est en train de rouvrir? Combien d'autres experts essayeront encore de m'écraser?

En rentrant, je suis fermement décidée à retirer ma poursuite: «Je n'en peux plus, Jean-Marie! Arrête tout.» Mais mon ami m'en dissuade: «Ce sont des tactiques, Johanne. Ces gars-là n'ont qu'un seul but: t'intimider et obtenir ainsi que tu renonces à défendre tes droits. Théoriquement, les médecins sont censés être impartiaux, mais les diplômes d'honnêteté n'existent pas. Lorsque tes affaires seront réglées, tu pourras porter plainte à la Corporation des médecins du Québec. L'heure viendra où ce sera son tour de subir un interrogatoire. Sois plus forte que lui.»

— J'essaierai ... et je réussirai, si je ne deviens pas folle avant!»

Après un excellent repas, nous trinquons à «ma santé», aux talents de cuisinière de Lyse, aux discours enflammés de Jean-Marie sur les beautés de la Grèce, à notre chance de vivre ensemble depuis un an, dans cette maison si confortable. Une seule entrée, deux adresses, trois personnes et quatre chambres à coucher. De quoi faire jaser les curieux, il en faut si peu pour déroger aux normes chères à notre belle société!

Notre vie à trois dérange beaucoup de monde. Deux femmes et un homme dans la même maison? Comment vivent-ils au juste? Y a-t-il un couple là-dedans? Une des femmes (laquelle?) et l'homme? Les deux femmes? Ou serait-ce un ménage à trois? Jean-Marie a abattu la cloison qui séparait la maison en deux; voilà qui est intrigant... Il faut voir les points d'interrogation se dessiner sur les fronts de ceux qui pénètrent chez nous. Il faut voir comment ils examinent chaque pièce et surtout les chambres dans l'espoir de récolter un indice quelconque... Les rumeurs vont bon train mais c'est le dernier de nos soucis, surtout ce soir. Il me semble que pour la première fois depuis l'accident, je ris de bon coeur. Je me détends dans la chaleur qui émane de mes amis.

Sous ses dehors de macho, Jean-Marie cache une sensibilité et une bonté qu'on peut lire sur chaque trait de son visage. Je le regarde déguster son vin et je le trouve beau comme je l'ai trouvé beau dès la minute où un ange nommé Nicole l'a mis sur mon chemin.

Et Lyse, que dire de Lyse, ma belle Indienne dont la blondeur souligne la noblesse sauvage des traits, ma belle Lyse si généreuse, si authentique, si sincère; la personne qui m'est la plus chère au monde, la plus précieuse...

Qu'aurais-je fait sans vous, sans votre amour? On dit que la maladie peut faire éclater les relations les plus longues, éroder les sentiments les plus profonds; pourtant, vous ne m'avez pas abandonnée et vous avez redoublé d'amour. Parfois, je fantasme sur le moment où nous nous retrouverons à la fin de la journée, autour de cette table: toi Lyse comme la mère, toi Jean-Marie comme le père, et moi votre enfant. Je me réinvente un passé comme je l'aurais voulu... et je me sers de vous à votre insu pour reconstituer cette atmosphère familiale qui m'a tant manqué. Pour ne pas céder à l'émotion qui me serre la gorge, je me lance dans une série de plaisanteries invraisemblables qui déclenchent l'hilarité générale. Entre deux éclats de rire, tout à coup, on sonne à la porte. Jean-Marie va ouvrir.

«Bonsoir! Je m'excuse de vous déranger; je suis votre voisin. Puis-je entrer?» Nous l'invitons à prendre un verre de vin, intrigués par son sérieux.

«Voilà. Je crois qu'il vaut mieux vous mettre au courant: j'ai reçu cet après-midi la visite de deux enquêteurs au sujet de votre accident d'avion, dit-il en me regardant. Ils m'ont questionné durant plus d'une heure.»

La tristesse retombe sur moi d'un seul coup. Je demande à l'homme:

«Mais à quel propos? Que voulaient-ils savoir?

— Quel genre de questions vous ont-ils posées? précise Jean-Marie.

— Toutes sortes de questions. Ils m'ont demandé si vous marchiez toujours avec votre canne, si je vous avais vue transporter des paquets, quelle sorte de gens vous fréquentez, qui est la dame blonde à la voiture rouge et l'homme qui entre lui aussi par cette porte. Et bien d'autres questions de ce genre», répond-il.

Je suis abasourdie; je ne saisis pas au juste ce qui se passe et je suis tiraillée par une sorte de révolte mêlée d'incompréhension. Le voisin ajoute encore:

«Il semble que vous ayez été suivis tous les trois dans vos allées et venues; un des enquêteurs a mentionné vous avoir filmés ces deux dernières semaines.

— FILMÉS!» Je bondis d'indignation. «Mais pourquoi?»

Craignant d'en avoir trop dit, le jeune voisin qui, nous a-t-il expliqué, est engagé comme menuisier pour retaper la maison et y habite depuis quelques mois sans en être officiellement locataire, se retire.

«Pourquoi Jean-Marie? Pourquoi nous espionnent-ils?

— Sans doute à cause de l'indemnité que nous réclamons parce que tu ne pourras plus porter d'enfant... ce genre de procès ne laisse aucune place à la compassion; s'il est question d'argent, les gens sont sans pitié. Il est prouvé que tu ne pourras plus enfanter, soit, mais tu n'es pas mariée et il te reste à prouver que tu avais le désir et l'intention d'avoir un enfant avec un homme... Ils enquêtent justement pour trouver une contre-preuve. S'ils arrivaient à établir que tu n'as pas la vie d'une mère de famille potentielle, tu pourrais difficilement prétendre à une compensation...»

Jean-Marie explique les choses les plus dégueulasses de façon si posée, si rationnelle, que je me retrouve seule avec ma colère et mes larmes d'indignation. Ah! elle est belle cette société où le ventre d'une femme n'a de valeur que s'il risque d'être fécondé en bonne et due forme par un homme bien identifié. La famille d'abord! La femme ensuite!

Jusqu'où iront-ils dans ce jeu de massacre? Et combien de temps pourrai-je tenir le coup? Il me semble qu'à nouveau, tout m'écrase.

Impossible de dormir. La ritournelle est toujours la même. Les souvenirs affluent de mon passé. Je me souviens de la tête du représentant de la compagnie d'assurances qui a refusé de m'assurer à 18 ans quand j'ai acheté ma première voiture à Sherbrooke: «Nous avons fait enquête auprès de vos voisins, m'avait-il dit du haut de l'assurance que lui conférait son habit trois pièces. Vos parents étant divorcés, vous faites partie d'une catégorie à hauts risques sur nos routes. Il est bien connu que les enfants de divorcés sont instables... Je regrette mais notre compagnie ne peut assumer de tels risques!»

J'ai fui la petite ville de mon enfance pour précisément échapper à cet esprit de clocher, et voilà qu'en pleine métropole, on enquête encore sur ma vie privée auprès des voisins, que je ne connais même pas, comble d'ironie.

Je suis encerclée. Je ne m'en sortirai pas seule. Ni de mon passé, ni du choc de l'accident, ni de l'angoisse d'avoir tout perdu et d'avoir à vivre quand même. Je suis cernée par les médecins et les avocats. Il ne s'agit plus seulement de guérir mais de résister à ce harcèlement constant qui, même en pleine santé, me ferait craquer et qui, dans l'état où je suis, me ramène constamment à la honte d'avoir survécu. J'ai besoin d'aide. Le neurologue et les révélations du voisin ne sont que la goutte qui fait déborder le vase. Je sais depuis longtemps que dans mon état une seconde psychothérapie est essentielle. Je n'en ai jamais parlé parce que je tenais à mon image de femme forte et courageuse, mais je suis en train de sombrer derrière mon système de défense. Il faut que j'appelle au secours. À qui m'adresser?

Bien sûr, pourquoi n'y ai-je pas pensé avant: il y a quelque temps, la chance a placé sur mon chemin une femme qui siège au conseil d'administration d'une grosse compagnie aérienne. Dès qu'elle a appris que j'avais été victime d'un crash aérien, elle s'est empressée de s'enquérir de mes problèmes psychologiques après un tel choc. Avait-elle perçu mon désespoir malgré mon silence obstiné et ma façade de femme en voie de guérison, ou savait-elle par expérience que la vie d'une survivante exige un combat quotidien et épuisant? Quelques jours plus tard, elle m'a fait parvenir une liste de cinq noms de psychiatres spécialisés dans le traitement des victimes de tragédies aériennes. Malgré mes réticences, j'avais rangé soigneusement le précieux papier dans mon manuscrit en me disant qu'un jour... Le temps est venu de m'en servir.

Cette liste a eu une autre utilité: en ouvrant mon manuscrit pour la retrouver, j'ai renoué avec mes écrits que j'avais délaissés depuis plusieurs semaines. À nouveau, j'écris. Peut-être pour essayer d'identifier toutes mes angoisses, de les décortiquer avant de les étaler chez un deuxième psychiatre, où j'irai de moi-même cette fois, sans le prétexte d'une expertise comme avec le docteur Leclair.

Peut-être aussi parce que, comme l'été dernier, j'ai besoin d'un antidote pour neutraliser la peur qui me ronge de l'intérieur, qui depuis un an change sans cesse de forme mais reste fondamentalement la même: la peur à la fois de mourir et de vivre.

CHAPITRE 22

Août 1979.

Il y a un mois que nous sommes installés, Lyse, Jean-Marie et moi dans notre nouvelle maison et malgré le plaisir que je devrais ressentir à vivre ici, je suis de plus en plus découragée.

Je m'épuise en physiothérapie et seule cette fatigue de tout mon corps me permet de trouver quelques moments de repos, de m'assoupir malgré la peur de mourir qui me hante de plus en plus. De nouvelles phobies s'installent en moi. J'avais peur de l'orage: j'entendais dans le tonnerre le vacarme de l'explosion, je voyais dans les éclairs la boule de feu sous mon siège. Maintenant le moindre bruit suffit à me terrifier, la simple vue d'une allumette enflammée m'épouvante.

Cinq mois après l'accident, ma santé continue à décliner. Je fais de petits progrès en physiothérapie et je me cramponne à cet espoir, mais la nuit je perds mes illusions et je sais que je meurs à petit feu. Je maigris constamment et j'ai la jaunisse. J'ai mal, de plus en plus mal, dans la poitrine. Je me traîne d'un spécialiste à l'autre, d'un test à l'autre et personne ne semble savoir ce qui se passe. Paula est inquiète. Je fais de l'hyperventilation et la fatigue qui m'accable lui semble anormale.

Pourtant, il y a encore un médicament qui a gardé toutes ses vertus: l'amour. En autant que je puisse aimer et être aimée, la douleur reste tolérable. Depuis le crash, ce besoin qui a toujours fait partie de moi est devenu vital. Les sourires de Lyse et de Jean-Marie dépassent en puissance le plus fort de tous mes analgésiques. La kyrielle de comprimés que je dois avaler tous les jours n'aurait aucun effet sur ma douleur sans la chaleur humaine dans laquelle je me réfugie. Je puise dans mon entourage la volonté de guérir. J'ai franchi ainsi la première étape de ma convalescence: j'ai survécu.

Ma soeur Danielle a voulu célébrer ma survie par une «grande fête d'amour»: elle a contacté tous les gens de mon passé et les a conviés à une grande manifestation de joie, de bonheur et d'amitié. Les retrouvailles ont eu lieu hier à Sherbrooke, dans ma ville natale. Deux cents personnes sont venues de partout pour moi, de mes premières compagnes à la petite école à mes plus récentes/ts camarades de travail. C'était mon premier grand voyage depuis le retour de Québec en ambulance. J'étrennais ma première canne; et je m'abreuvais de toute cette énergie humaine que l'amour de ma soeur avait concentrée autour de moi, comme si elle devinait combien j'ai besoin de force et de courage. J'ai profité du rassemblement pour exprimer ma joie de revivre. J'ai fait lever et applaudir ma mère qui, une première fois, m'a donné la vie, ma soeur et mes frères qui l'ont agrémentée, et une quinzaine de personnes qui ont si généreusement veillé sur moi quand j'ai failli la perdre: Lyse, Jean-Marie, Bernard, Gaétan, Paula, Tantine et oncle Pierre, Nicole et Michel et d'autres encore.

Je regardais sans m'en rassasier toutes ces personnes que j'aime et que j'ai failli perdre; ces amies/is de tous les âges, de tous les genres, qui cognaient leurs verres à ma santé. Un grand nombre d'entre eux sont homosexuelles/ls et cela n'a causé aucun remous. En mon for intérieur, de toutes mes forces, je souhaitais que notre société en vienne non pas à une plus grande tolérance mais à une reconnaissance pure et simple de toutes les façons de vivre et d'aimer.

J'ai ouvert le bal, gauchement, mais bientôt suivie par tous les invités, sur une chanson de Gloria Gaynor dont les paroles ne pouvaient être plus appropriées: «I Will Survive.» Et, à ce moment précis, plus que jamais dans ma vie, j'ai décidé de vivre.

C'était hier. Aujourd'hui, la douleur qui traverse mon corps est si vive que je crains que le courage et l'espoir cristallisés dans cette magnifique fête ne suffisent pas à repousser la mort qui rôde encore autour de moi.

CHAPITRE 23

Novembre 1980.

Dans la liste des psychiatres, j'ai choisi le docteur Dienes, du Royal Victoria. Je n'en pouvais plus; ni de la souffrance physique et morale, ni des démarches légales. Il faut que je me batte contre le désespoir.

Le taxi me dépose devant le pavillon Allan Memorial. Dans le corridor, je ne croise aucun patient; seule une inscription portant le nom du psychiatre que je vais consulter me confirme que je suis au bon endroit. Agrippée d'une main à ma canne et de l'autre, à la rampe de l'escalier, je grimpe péniblement jusqu'au troisième étage. Dans la toute petite salle d'attente, trois clients. Une femme qui pleure, un homme qui parle tout seul mais tout bas, et un autre homme qui frappe son enfant au moindre son qu'il émet. Je prends un siège parmi les fous.

Le docteur Dienes ne parle pas le français, mais je sais par expérience que, de toute façon, les psychiatres ne parlent à peu près pas. Et moi, vais-je pouvoir parler, traduire mes émotions?

«See you Thursday at four thirty», avait-il dit, en conclusion de notre brève conversation téléphonique. Et, curieusement, cette voix étrangère m'avait apaisée. Peut-être est-ce pour cela que j'éprouve une certaine confiance en cette fin d'après-midi.

«Miss de Montigny», m'interpelle le docteur Dienes. En le suivant je m'étonne de sa haute taille. Il ouvre la porte de son bureau et je me retrouve devant une vue magnifique du mont Royal tout en couleurs. Avant d'examiner davantage la pièce, je me tourne vers lui et je me berce un moment dans son regard infiniment calme. Je n'éprouve aucunement la gêne et la sensation de distance qui ont caractérisé chaque séance de ma première thérapie. Le docteur Dienes entame la conversation: «J'ai été touché en apprenant l'épreuve que vous avez traversée. N'y a-t-il pas de nombreuses souffrances en vous depuis?»

Éberluée qu'il me laisse voir ses émotions, je me rends compte qu'il a tout compris. Je réponds aussitôt: «J'ai peur. Des éclairs, du tonnerre, du feu, des allumettes, des tire-bouchons, de l'orage, du froid, des avions, de l'hiver, de la noirceur. J'ai peur de dormir, d'en mourir. J'ai peur de l'avenir.» Je parle sans hésiter, les mots s'enchaînent.

«Et l'accident a réveillé une souffrance que je croyais pourtant ne jamais revivre; une plaie s'est ouverte pendant mes nuits blanches.

— De quoi s'agit-il?

— De mon père, dis-je. Comme si le crash avait réveillé le cauchemar de son abandon.»

Le docteur Dienes m'écoute de toute son âme. Comme seule, il me semble, Lyse a toujours su le faire. Sauf que ce psychiatre peut me sortir d'une impasse dévastatrice: à lui seul, enfin, je désirais me révéler sans fard. Aux autres, je ne parlerais même pas de ce second espoir de guérison, car personne ne soupçonne l'ampleur de ma détresse. Personne à part Lyse.

Jean-Marie, comme tant de gens dans notre société, éprouve certaines réticences à l'égard du monde de la psychologie, et encore plus de la psychiatrie. Lui parler de ma démarche en thérapie risquerait d'influencer une décision encore fragile en moi. Or depuis l'accident, mon entourage décide de tout à ma place. Et pour cause! puisque je n'ai que la force de me rendre d'un médecin à l'autre. Depuis longtemps, je n'ai plus le courage de prendre mes propres décisions.

Plusieurs raisons m'ont amenée dans le bureau de Dienes, mais au fond, les procédures juridiques me tourmentent plus que tout. Je n'ai pas besoin d'en convaincre le psychiatre, de lui-même, il s'empresse de mettre les points sur les «i»: «Je ne veux pas, affirme-t-il, m'impliquer dans quelque expertise légale que ce soit. Je suis plutôt là pour vous en délivrer.»

Chacune de ses phrases me procure un immense soulagement et je bénis le concours de circonstances qui m'a conduite jusqu'à lui; d'abord le fait que son nom figure sur la liste de la dame compatissante, puis que son bureau soit situé tout près de la maison, ensuite qu'il soit psychiatre et donc que l'assurance-maladie rembourse le traitement (ce qui n'aurait pas été le cas avec un psychologue) à condition que mon médecin traitant, le docteur Hadjipavlou, me prescrive officiellement cette deuxième thérapie; ce qu'il n'a pas hésité à faire: «Je comprends votre désarroi.»

Je pense à tout cela pendant que le docteur Dienes prend le temps de lire attentivement le rapport[1] de son collègue sur mon état de santé.

«Ne portez-vous donc plus l'orthèse dont il est question ici? me demande le docteur Dienes.

— Pas depuis l'opération, répondis-je.

— On vous a donc opérée pour le pied tombant?

— Non. On m'a enlevé la vésicule biliaire et une sorte de miracle s'est produit en même temps.

— Racontez-moi.»

Et je raconte à ce médecin de l'âme qui s'intéresse à ma carcasse...

Malgré ma jaunisse de plus en plus marquée, aucun médecin ne posait de diagnostic concluant qui puisse expliquer mon état lamentable. Repas barytés, radiographies, échographies, prises de sang, aucun test ne révélait quoi que ce soit d'anormal.

Paula, inquiète, exigea une consultation chez un gastro-entérologue; je me présentai chez lui le surlendemain de la fête de l'amour, le 6 août. Le

1. Voir annexe III, p. 339.

spécialiste, intrigué, décida de m'hospitaliser pour examiner plus à fond ce qui n'allait pas.

Lyse vint me reconduire à l'Hôpital général juif le jour même, la mort dans l'âme. Revenir à l'hôpital était un retour en arrière, un retour à une misère que je venais à peine de surmonter. Mais j'étais si faible que je m'y résignai.

Grâce à Jean-Marie, j'obtins une chambre privée et les soins attentifs de tout le personnel. Le soir même de mon admission, un médecin-résident s'approcha de mon lit; il tenait dans sa main un tube plus gros que tous ceux que j'avais vus jusqu'ici. Je refusais de croire que ce tube allait s'enfoncer dans ma narine, descendre dans mon oesophage et se loger quelque part au fond de mon estomac. N'avais-je pas eu ma part d'intubation aux soins intensifs? Peut-être, mais là n'était pas la question. Le jeune homme devait s'acquitter de la terrible tâche consistant à frayer un chemin au tube dans ma narine gauche pendant que moi j'essayais de l'avaler avec les gorgées d'eau fraîche que je tirais avec une paille.

La douleur était insupportable. Le tube dévia de sa trajectoire, bloqua mes voies respiratoires et, passant instantanément du jaune au bleu, je l'expulsai. Le médecin dit: «Désolé. Recommençons.» et réengagea le tube dans l'autre narine, pendant que, morte de peur, je m'efforçais de l'avaler. Comment croire qu'un tuyau d'un tel diamètre puisse s'enfoncer en moi? La chose faite, je m'en étonnais encore. Je passai le reste de la nuit à écouter le gargouillis horrible de la machine à labourer les estomacs, la tête pleine d'images épouvantables, terrifiée à l'idée de mourir sur la table d'opération.

Au petit matin, j'entendis le médecin commander un nouveau test.

«Vous souffrez entre autres d'une pancréatite», me précisa-t-il en me voyant ouvrir les yeux.

On m'injecta un anesthésiant en m'expliquant que ce dernier test serait concluant et en me prévenant qu'il risquait d'être assez long et douloureux. On n'avait pas exagéré et je ne pus empêcher les larmes de couler sur mes joues. Je fus presque soulagée en entendant le verdict qui mettait fin, du moins pour le moment, à ma torture: «Nous l'opérons!» Et on me conduisit à la salle d'opération sans plus tarder.

Je me souviens des projecteurs au plafond, des hommes en vert, de la table d'opération. On plaça mes bras en croix; j'entends encore le bruit des «tiroirs» qui les soutenaient. Je me rappelle aussi que lorsque le chirurgien ouvrit mon ventre avec le bistouri, j'ai senti nettement, mais sans aucune douleur, la lame qui traversait ma chair. Quelqu'un dit: «Isn't she wonderful?» et il y avait à ce moment-là une musique au loin. Puis, j'ai sombré dans le néant.

Au réveil, j'ai appris qu'on m'avait vidée de plusieurs millilitres de bile et qu'on avait mis le grappin sur un caillou qui, probablement sous le coup de l'impact dans l'avion, avait été délogé et s'était camouflé dans le canal cystique. Voilà pourquoi les tests étaient toujours négatifs.

Plus tard, je découvris à côté de moi un sac qui se remplissait à vue d'oeil d'un liquide étrange et je faillis hurler en découvrant qu'il était relié à l'intérieur de mon ventre par une espèce de clapet.

«Est-ce un anus artificiel?» ai-je demandé en larmes à l'infirmière. Elle me rassura: cet appareillage n'était que temporaire. Et surtout, un miracle s'était produit: depuis mon accident, en plus de mes fractures multiples, j'étais affligée d'un pied tombant qui piquait sans cesse vers le sol au lieu d'avancer normalement, ce qui constituait un obstacle encombrant à ma rééducation. Je m'étais pourtant résignée à déambuler avec cette infirmité supplémentaire jusqu'à la fin de mes jours, puisque je n'avais pas le choix. Mais un jour ou deux après la cholécystectomie, surprise: «Je rêve! ce n'est qu'un rêve!» Mais plus je regardais mes pieds plus je constatais cette nouvelle et réconfortante réalité: le gauche s'alignait harmonieusement sur le droit! Craignant de me réjouir prématurément, j'appelai Paula qui vint constater de visu ce miracle grâce auquel je ne passerais pas ma vie à trébucher. Paula ne put expliquer le phénomène et se contenta de l'inscrire sur mon carton de progrès. Le docteur Hadjipavlou vint à son tour vérifier en personne la rumeur qui circulait à mon sujet. Il se mit à rire comme un enfant en voyant mon pied enfin redressé. «C'est un miracle!, criait-il, c'est un miracle! La cholécystectomie a réparé le pied!»

Le psychiatre a écouté jusqu'au bout mon long récit sans donner signe d'impatience, comme si le moindre détail le concernait autant que moi.

J'ai l'impression, pour la première fois depuis le crash, que mon corps et mon âme pourront un jour se réconcilier; que mon passé et mon présent pourront se raccorder.

J'ai parlé à Dienes dès la première séance et avec fougue. Le silence est rompu. Cet homme peut tout tirer de moi; quelque chose en lui me stimule au plus haut point. «See you Monday, at four thirty», dit-il. Et ses mots résonnent en moi comme un rendez-vous plein d'espoirs. Cet homme pourra me relever après l'écrasement...

Les yeux secs et brillants de joie, je rentre chez moi avec la certitude que j'allais pourtant taire, d'avoir trouvé mon bon samaritain. Pour la première fois, je pense, je regarde notre maison avec la fierté d'une propriétaire. Bien que l'achat ait eu lieu dans des circonstances tragiques où mes deux amis ont dû signer pour moi, je sais qu'elle m'appartient, et je recommence à croire que je pourrai peut-être y être heureuse, un jour...

CHAPITRE 24

Automne 1980.

«What would be a day without you?»

Paula me pose la question et je me rends compte qu'il y a plus d'un an et demi que je fréquente l'unité des estropiés. C'est surtout moi qui ne pourrais envisager une seule journée sans sa présence. Et voilà qu'elle m'invite à souper chez elle. Veut-elle célébrer mes tout récents progrès avec une canne d'appui, ou est-ce tout simplement le début d'une longue et profonde amitié née d'un long et non moins profond travail commun sur mon corps?

Il est 19 heures et le petit chemin qui mène jusqu'à sa porte est entièrement glacé; c'est la première fois depuis le crash que je m'aventure sur une telle patinoire. Mais dès que j'entre chez ma physiothérapeute, les merveilleuses odeurs qui viennent de la cuisine et son accueil plus que chaleureux me convainquent que cette visite valait tous les risques. Je me sens privilégiée car il est évident que rares sont les patients qui ont ainsi accès à l'intimité de Paula.

Une fois chez moi, bien étendue dans mon lit, encore un peu ivre de paroles et de vin blanc, je repense à la soirée exceptionnelle que je viens de passer. J'ai découvert chez Paula bien des talents insoupçonnés. D'abord, c'est une cuisinière hors pair, ce qui du point de vue de mon estomac n'est pas négligeable. Mais cette soirée m'a réservé des surprises beaucoup plus importantes. Son appartement regorge de sculptures et de peintures; en les admirant d'un peu plus près, je constate que sauf rares exceptions, toutes les oeuvres d'art de Paula portaient une seule et unique signature: la sienne. Ma guérisseuse est également une artiste chevronnée! Si je m'attendais à ça...

Nous avons placoté toute la soirée, à grand renfort de vin blanc, de notre vie, de nos intérêts, de nos projets. Au-delà de nos différences flagrantes, j'ai senti qu'une véritable amitié venait de naître entre nous, à l'extérieur de l'hôpital, de la douleur, de mes problèmes de jambes et de son travail.

Pour la première fois, je me dis que cet accident n'a peut-être pas que des conséquences néfastes dans ma vie. Il me semble que je n'ai jamais vibré autant et que je n'ai jamais été aussi réceptive aux vibrations des autres. Bien sûr, les êtres humains ont toujours été mon intérêt premier dans la vie; mais il me semble que c'était en partie par habitude, par réflexe, comme la faim qu'on ressent parce qu'il est midi. Ce soir, j'ai vécu autre chose. L'amitié prend maintenant un autre sens pour moi: elle me semble l'un des plaisirs les plus précieux, les plus délicieux du monde.

Et, curieusement, c'est ce qui me fait penser que je suis peut-être en voie de guérison. La santé ne revient pas d'elle-même; elle est liée au désir de vivre et surtout de vivre pleinement.

Bien des gens se gargarisent de principes qui, à mon avis, leur font rater certaines des plus belles occasions de leur vie. «Il ne faut pas se faire des amis dans notre milieu de travail», que de belles amitiés ne verront alors jamais le jour! «En affaires, l'amitié n'entre pas en ligne de compte», que d'associés devront alors se dissocier au premier obstacle! «J'ai déjà assez d'amis, à quoi bon en chercher de nouveaux!», comme si à un moment donné, il ne valait plus la peine d'espérer plus et mieux de la vie...

Se fermer à l'imprévu, c'est aussi se fermer aux nouvelles relations; mon accident était imprévu, ma rencontre avec Paula aussi. Et s'il n'y avait pas eu ce courant de sympathie spontanée entre elle et moi, je n'aurais jamais eu seule assez de volonté pour me lever de mon fauteuil roulant.

Je n'ai jamais pu me résoudre à voir Paula Tepper uniquement comme une thérapeute capable de me faire marcher un jour, ni maître Avrum Orenstein comme un étranger capable de régler mes problèmes légaux, ni le docteur Alexandre Hadjipavlou comme un scientifique spécialisé dans les fractures, ni le docteur Nigel Dienes, comme une oreille prête à recevoir mes confidences et à les garder secrètes. Pour cela, il aurait fallu que je me réduise moi-même; que je ne sois plus qu'une simple patiente, une simple cliente, et donc que j'oublie l'essence même de la santé et de l'équilibre: la confiance en soi, la conscience de son intégrité.

Pour guérir physiquement et moralement, pour chasser les peurs et les douleurs, il fallait que je démystifie les professionnels qui s'occupent de moi. Faire confiance à d'autres, c'est cultiver sa confiance en soi. Dans l'insécurité et la peur, je ne crois pas qu'on puisse évoluer.

La solitude née de la méfiance entretient la maladie. Lorsque Gaétan a cessé de m'accompagner à chacun de mes innombrables rendez-vous à l'hôpital, j'ai cherché à avoir un autre réconfort à mes côtés; j'ai alors compris pourquoi les malades condamnés à «patienter» des heures et des heures dans les salles d'attente se confiaient leur désespoir et, souvent, finissaient par se raconter leur vie. Pour ma part, cependant, j'en étais incapable. Diane, la secrétaire du docteur Hadjipavlou, l'a-t-elle deviné? Est-ce pour cela qu'elle passe tellement de son précieux temps non pas à me questionner sur mon dossier médical, qu'elle connaît très bien de toute façon, mais à me distraire et à m'intéresser en me parlant de ses nombreuses lectures à moi qui ignorais pratiquement tout de la littérature. Ainsi, elle m'a fait voir les aspects positifs de la solitude, elle m'a fait oublier les interminables attentes et surtout elle m'a appris l'intérêt et l'importance de la lecture dans une vie. Jusque-là, je n'avais jamais lu.

Parce que l'ennui me dévastait, j'ai noté quelques-uns des titres de livres recommandés par Diane. *Ce que je voulais vous dire,* d'Anaïs Nin marqua le début de mes aventures littéraires. C'est peut-être cette auteure qui m'a donné le désir et le courage de voir un jour mes écrits publiés.

J'ai toujours aimé écrire mais avant le crash, l'écriture était pour moi d'abord et avant tout fonctionnelle; j'écrivais des rapports, des résumés, des lettres, des cartes aux anniversaires et autres grands événements.

À l'unité des soins intensifs, lorsque j'ai repris conscience et que je ne pouvais pas parler, on m'a donné une «tablette magique». J'ai découvert ce jour-là que l'écriture pouvait être un moyen d'expression vital. Pendant les premières semaines de convalescence, j'écrivais et je réécrivais inlassablement le récit du crash sur des feuilles volantes que je jetais à mesure. Quand l'hôtesse, Danièle, a été soupçonnée de négligence contributive, cela m'a semblé si odieux, si insupportable dans l'état de fragilité où je me trouvais que j'ai cru craquer. C'est Lyse qui m'a calmée en me suggérant, non seulement d'écrire mais de publier ma version des faits.

A partir de ce moment, ce que j'écrivais a pris un autre sens; ce n'était plus un simple défoulement, c'était le début d'un «manuscrit». Mais l'écriture implique la solitude.

La solitude m'était inconnue jusqu'au crash: mon passé débordait d'activités à deux ou en groupe mais jamais seule. Il s'agissait sans que je le sache de combler le vide que me créaient des peurs nébuleuses et souvent non fondées. La solitude, m'expliquait Diane, permet à l'être humain de «vivre avec soi» avant de se proposer à l'autre; elle me la fit voir non plus comme une conséquence déplorable de ma maladie mais comme une nouvelle source à laquelle, sans l'accident, je n'aurais jamais pu puiser.

En amour comme en amitié, j'avais appris à donner mais non à recevoir. Les écrivains furent les premiers dont j'ai accepté de recevoir; ils me divertissaient dans des moments on ne peut plus tragiques de ma vie. La solitude m'a aussi poussée à écouter des musiques assez puissantes pour me redonner espoir pendant des périodes de désespoir. Au début, je ne pouvais écouter que les airs les plus tristes, peut-être pour justifier mes larmes. J'avais besoin de partager ma souffrance comme on désire partager la joie. Du côté de la chanson, il m'était facile de mêler ma douleur à celle des Juster, Thibeault et Lapointe, des Guichard, Lama et Cabrel. Mais il en a fallu du temps à Clémence pour me faire enfin rire!

Les artistes, c'est-à-dire les gens capables de créer, de communiquer à travers leurs codes respectifs, possèdent souvent le don d'échapper à l'anéantissement. Faut-il avoir sombré pour pouvoir créer ou faut-il créer pour ne pas sombrer? Je n'en sais rien, sinon qu'un mal, peut-être plus qu'une joie, doit exploser dans une chanson, sur une toile, dans un livre ou n'importe quoi qui puisse susciter une minute d'arrêt chez d'autres êtres humains. Tant que l'art atteint nos sens, on n'est jamais tout à fait seul.

Merci Paula de ce magnifique souper, et surtout d'être qui tu es...

CHAPITRE 25

Décembre 1980.

Lors de mes premiers rendez-vous chez le docteur Dienes, je n'avais pas remarqué ce divan le long du mur blanc. Vais-je m'y allonger un jour? Le docteur Dienes m'a accueillie avec autant de chaleur que la première fois. Après que je lui aie longuement parlé de ma première thérapie avec le docteur Leclair et décrit en détail la série de phobies qui depuis le 29 mars 1979 m'empêchent de vivre pleinement, il me suggère une technique à laquelle je crois d'abord plus ou moins. Pour moi, la possibilité d'une guérison réside avant tout dans le regard du thérapeute; c'est vrai pour Dienes comme pour Paula. Certains yeux sont tellement plus éloquents que tous les mots qu'on échange, que toutes les techniques... Or, voilà que Dienes me propose de dessiner le plus précisément possible mes souvenirs de la tragédie.

«Dessiner! dis-je. Je serais incapable d'esquisser même l'ombre d'une pomme!

— Pas d'importance, rétorque-t-il. Reproduire avec des crayons et du papier ce que vous avez vu peut vous permettre de l'exorciser. C'est tout ce qui compte.»

Dix-sept mois se sont écoulés depuis l'écrasement. Pourquoi y revenir? N'ai-je pas suffisamment pleuré sur ce drame pendant ma première thérapie? N'ai-je pas déjà déballé tous ces souvenirs en les écrivant des tas de fois? «Pleurer, dire, et écrire n'est pas suffisant, insiste-t-il. Il faut maintenant mettre des images sur ces événements.» Soit, j'essaierai!

Je me suis procuré des crayons de couleurs et je tente l'expérience. Première constatation stupéfiante; je suis totalement incapable d'utiliser autre chose que le noir pour exprimer ce que je ressens. Je trace maintes et maintes fois l'avion en débris et je suis envahie par toutes sortes d'émotions. Ensuite j'inscris des chiffres sur ce qui représente pour moi des petits bouts d'avion: 29 (ans), 29 (mars 1979), siège n° 6 (neuf à l'envers), piste 06, 9 (janvier, date de ma naissance) et j'intitule le dernier de ces dessins «Quoi de 9?» Ma deuxième série de dessins regorge de corps morcelés. Il me faut faire une dizaine d'essais avant d'utiliser la couleur. Rouge d'abord, sans doute à cause du sang. Bleu ensuite pour ce ciel qui m'a rejetée si brutalement. Deux fois par semaine, j'apporte mes «oeuvres d'art» à Dienes et nous en discutons. Au fil des séances, j'apprivoise les images et la scène se précise. À un tel point qu'un jour, je regarde le croquis que je viens de faire et je l'intitule «Mourir au ciel».

Après des dizaines d'essais, «malgré moi» je parviens à faire l'esquisse d'un avion dans son entier. Peu à peu, je reviens à la réalité: les avions ne tombent pas tous!

Je suis épatée par le chemin parcouru. Les techniques thérapeutiques sont-elles à ce point efficaces? Tout ce que je sais, c'est que, dans mon cas, celle du dessin traduit une souffrance qui peu à peu s'estompe. Mais je sais aussi que ma confiance en la personne qui m'a suggéré cet exercice y est pour beaucoup.

Je sens diminuer en moi les répercussions autrefois épouvantables des moindres bruits, en particulier ceux des avions et des orages; une certaine «quiétude» commence à apparaître. Mais l'accident n'a pas seulement chambardé mon présent et mon avenir, il a fait remonter en moi un passé que j'avais profondément refoulé. Et ce passé est douloureux.

Mon père, ou plutôt l'absence d'un père dans ma vie, a lourdement hypothéqué de longues périodes de mon enfance à partir de l'âge de six ans. Une mère venait d'être «abandonnée» avec ses quatre enfants. Nous avons encaissé le choc. Mon frère aîné, Pierre, qui avait alors 12 ans, a écopé d'une responsabilité bien lourde pour un enfant de son âge: celle de se retrouver brusquement en situation d'agir au nom du père. Ma soeur aînée, Danielle, se mit à me materner; se croyait-elle obligée dans sa tête d'enfant de dix ans, d'assumer une large part du rôle de mère? Et moi, calquant mon attitude sur la sienne, n'ai-je pas à mon tour endossé ce rôle vis-à-vis de «notre» bébé, mon frère Bernard, qui avait à peine un an? Les épreuves ne sont pas vécues de la même façon par les différents membres de la famille éprouvée. À chacun sa peine, à chacun son drame intime. Et à chacun sa manière de construire ses défenses pour se protéger contre la douleur. Avec le docteur Dienes j'explore les miennes, j'essaie de comprendre ce qu'elles ont déterminé dans le cours de mon existence.

C'était en 1956 et je venais d'entreprendre ma première année scolaire. Nous habitions le genre de petite ville où les gens se connaissent tous et sont au courant de tout; et comme mon père avait un gros commerce de meubles, notre famille était «très en vue». Les langues allaient bon train partout où nous passions, et jusque sur le perron de l'église; notre histoire «scandaleuse» était probablement plus inspirante que les sermons du curé. Je me souviendrai toujours du discours que nous avait fait en classe soeur Cécile: «Chers petits enfants, le péché circule en ville. Pour éviter la contamination, il y a deux sortes de gens que vous ne devez jamais fréquenter: les protestants et les enfants de parents désunis.» Je me rappelle avoir fait mentalement l'inventaire de la classe pour constater qu'il n'y avait aucun protestant et qu'une seule enfant de parents «désunis»: moi. J'ai pissé ma peine dans mes culottes et j'ai reçu une volée «bien méritée».

Je pense qu'à partir de cet incident, je me suis enfoncé la tête dans les épaules pour ne plus rien voir et ne plus rien entendre des duretés de la vie. Encore enfant, j'agissais comme une adulte inhibée. J'ai vécu l'absence de mon père comme une mort partielle, ou plutôt comme la disparition d'un être cher dont on recherche encore le corps. Une question me hantait sans cesse: comment faire pour ramener à la maison cet homme que j'aime tant?

J'ai eu un père du dimanche, avec balades en voiture et cadeaux toute la journée. Plus tard, quand les gens m'offraient des cadeaux, je mettais des heures à me décider à les ouvrir, paralysée par la peur qu'une fois l'objet reçu je doive en échange accepter l'adieu qu'il signifiait. J'en vins ensuite à penser que le fait de donner un cadeau était synonyme d'aimer. Dès lors, je me mis à tout donner; plus rien ne m'appartenait.

Adolescente, j'avais un mal fou à me rapprocher des hommes. À quoi bon leur parler, m'intéresser à eux, m'attacher s'il fallait ensuite revivre l'horreur de l'abandon? J'ai cru longtemps qu'un homme «partait» toujours et qu'une femme «restait» à jamais, que si ce n'était pas le cas physiquement, ça l'était dans leur tête.

Au terme d'une adolescence quand même moins difficile que l'enfance, j'ai quitté à mon tour le reste de la famille pour entrer à la «va-comme-je-te-pousse» dans le monde adulte. Habituée à me débrouiller, ayant l'habitude des petits gagne-pain, j'ai quitté jeune le milieu scolaire pour travailler comme secrétaire. J'étais sténographe et bilingue, ce qui me permit d'accéder aux meilleurs postes et de recevoir les meilleurs salaires offerts dans ce métier.

L'idée de me marier ne m'a jamais effleuré l'esprit. Peut-être ai-je envié certaines compagnes qui «fondaient un foyer» mais ce sentiment fut toujours passager; de toute façon, pour moi, il était évident qu'elles allaient toutes divorcer. Des enfants, j'en aurais voulu une demi-douzaine, mais j'ai cru longtemps que je les aurais «trop» aimés. Comme si l'on pouvait souffrir d'être «trop» aimé, alors que seul le contraire est possible.

Longtemps j'ai essayé de combler ce vide qu'avait laissé mon père en moi avec la nourriture et l'alcool; j'ai bu et j'ai mangé ma peine comme si cela avait pu me rassasier. J'ai engraissé pour me protéger, pour proclamer que j'avais de l'importance, pour qu'on m'aime énormément...

Avant le crash, je savais plus ou moins tout cela, j'avais amorcé mon cheminement mais il n'y avait pour moi aucune urgence à débrouiller tout ça; je préférais me projeter dans le futur, dans l'avenir plutôt que de regarder derrière. J'avais toute la vie devant moi, après tout...

Et puis, soudainement ma vie n'a tenu qu'à un fil. Dans l'unité des soins intensifs, mon père m'est apparu dans les brumes de médicaments et non seulement je ne pouvais pas lui exprimer l'amour que je n'avais cessé de lui porter mais sa présence à mon chevet signifiait que ma vie était gravement menacée, que je risquais de mourir.

Le fait d'être là-bas alitée dans un lit à barreaux (lit de bébé), reliée à un respirateur artificiel (cordon ombilical), alimentée au sérum (lait maternel), soulagée de mes besoins d'éliminer (le petit pot), constamment surveillée par une équipe médicale (protection maternelle), bref le fait d'être à ce point dépendante pour mes besoins les plus primaires, m'a replongée brutalement dans l'enfance. De là, je pense, la «réactualisation» d'un passé que j'allais désormais devoir revivre pour réapprendre à devenir adulte.

CHAPITRE 26

Décembre 1980.

L'expertise médicale fournie par le chirurgien esthétique s'est avérée incomplète. Mon avocat juge nécessaire d'obtenir une seconde opinion de ce médecin qui, semble-t-il, jouit d'une très bonne réputation.

Une fois de plus, j'attends dans une salle d'attente, je «patiente» en regardant défiler des têtes rajeunies de force, juchées sur des corps vieillis, quand ce ne sont pas des têtes emballées dans de gigantesques pansements. J'ai l'impression d'être dans une fabrique de momies où les plus récents modèles paraderaient.

Après cinq heures de spectacle ininterrompu, une voix m'appelle au micro et je franchis une porte munie d'un oeil magique et menant dans une pièce climatisée.

Sourire empaillé, yeux bridés, nez refait plusieurs fois, visage sablé et retendu, le zombie lâche la truelle, me détaille à l'aide de son ruban à mesurer et prend des notes sans déroger de sa routine, bref se conforme strictement à la demande écrite qu'on lui a soumise: évaluer en pourcentages mes dommages plastiques.

Le fait que j'aie survécu à un écrasement d'avion lui semble aussi normal que sa propre indifférence devant les gens; les êtres humains ne sont pas forcément tous sensibles. Même si cette personne «en avait vu d'autres» (un spécialiste en chirurgie esthétique ne traite pas seulement des gens normaux qui rêvent d'être plus beaux), un minimum de sympathie m'aurait facilité les choses.

Les coûts «d'embellissement» de mes cicatrices sont aussi élevés que ses honoraires «d'expert médical»; or, il faut que je débourse 300$, et ce avant de quitter les lieux aussi «moche» qu'en y entrant tout à l'heure.

Je dois me contenter de pleurer ce mauvais moment chez mon psychiatre avec qui j'ai rendez-vous aujourd'hui même. Mon agressivité, autrefois contenue, sort comme la vapeur d'un presto. Comment un médecin aussi peu soucieux de ses patients peut-il jouir d'une aussi bonne réputation? Comment peut-on exiger d'une malade ayant subi un grave choc émotif qu'elle se soumette à de tels individus?

L'écrasement, la détérioration de ma santé physique, la perte de mon travail, les nombreuses visites chez les médecins, la physiothérapie, rien de tout cela ne me semble aussi pénible que cette soumission qu'on exige de moi. La tactique de l'épuisement pour me faire renoncer à la compensation financière qui me revient commence à porter fruit: je me sens minée, abrutie, proche de l'abattement. Seul le soutien constant de Lyse et de Jean-Marie me permet de tenir le coup. Mais je ne sais pas pour combien de temps encore? Et ce n'est encore que la première étape...

Il faut maintenant que je me fasse à l'idée d'une deuxième série d'expertises légales, exigées cette fois par la CSST puisque mon accident est survenu pendant mes heures de travail et dans le cadre de mes fonctions. Mon cas n'a rien de simple; les niveaux de responsabilité sont extrêmement compliqués à établir. La poursuite intentée contre Québécair doit, si je gagne, me «dédommager» de mes douleurs et incapacités physiques, ma perte de jouissance de la vie, mon incapacité de porter un enfant, les dommages psychologiques qui découlent des douleurs causées par les blessures, etc. La CSST, elle, doit compenser mon incapacité provisoire, et peut-être permanente, de retourner au travail! Concrètement, puisque la preuve faite pour Québécair ne peut être «transférée» dans mon dossier à la Commission, cela signifie revenir à zéro et tout recommencer: de nouveaux tests, de nouvelles prises de sang, d'autres radiographies, de nouvelles expertises légales faites par de nouveaux orthopédistes, neurologues, psychiatres, pneumologues, et j'en passe. Il faut encore une fois tout prouver... et attendre que le temps passe, au cas où des améliorations substantielles de ma condition surviendraient. Je finis par me demander si je dois l'espérer ou le redouter! Les 48% d'incapacités partielles permanentes établies par mon médecin traitant, le docteur Hadjipavlou doivent être reconnus par d'autres de ses collègues. Et ce n'est pas simple.

Les premiers médecins qui m'examinent dans les bureaux de la CSST établissent, eux, mes «incapacités partielles permanentes» à 29%. Je pense que mon amabilité, mon esprit de collaboration et peut-être le fait que je m'efforce de «dédramatiser» mon cas (question de ne pas devenir folle) jouent finalement contre moi; la différence entre 29% et 48% est trop importante pour être réaliste. Je perds mon sourire et je me cramponne, j'essaie de garder courage et espoir. D'ailleurs ces 29% n'avaient rien d'officiel; le chiffre peut grimper (ou diminuer) pour peu qu'une opinion professionnelle différente soit prononcée. À la CSST aussi on se sert du fameux *Barême des déficits anatomo-physiologiques* (loi 59).

Je ne sais plus où donner de la tête. Les mêmes diagnostics, qui me rassurent sur mon avenir matériel, m'angoissent quand je me demande ce que sera ma vie dans les années à venir. Je répète toute l'histoire du crash, des soins intensifs, de la convalescence, des traitements, etc., à raison de deux fois la semaine devant des personnes toujours différentes mandatées par la CSST pour poser un jugement sur ce que j'ai vécu, ce que j'ai souffert, ce que j'ai perdu et sur le peu qui semble me rester. Je vois mon dossier épaissir au point qu'il me cachera bientôt le visage de mes enquêteurs.

Par contre, je crois avoir rencontré à la CSST le type le plus humain que cette boîte a dû engager dans toute son histoire. Le jour où l'on m'a présenté cet agent, j'ai trouvé enfin une raison valable pour justifier toutes ces démarches: je dois réorienter ma vie.

Avec les autres, ces trois petits mots ressemblaient à un jargon bureaucratique mais quand Francis Amideneau les a prononcés, ils sont devenus lourds de sens. Chacune de nos rencontres me donne la possibilité de croire qu'il y a peut-être encore un bonheur possible pour moi.

Il est évident, après deux ans, que mon état de santé ne me permet pas de réintégrer mon poste de secrétaire exécutive auprès du ministre. Toutes les heures que je passe chez moi à me reposer entre chaque rendez-vous ne peuvent quand même pas être remplacées par des heures de travail. Mais cet argument relève d'un gros bon sens qui échappe à certains enquêteurs. Il faut voir ce Jos Connaissant, l'un des membres de la direction du personnel du ministère de l'Industrie et du Commerce, tergiverser: «En nous fondant sur l'expérience, dit-il, nous avons établi que les accidentés, après une plus ou moins longue convalescence, retrouvent leur équilibre et leur joie de vivre en réintégrant progressivement leurs fonctions antérieures. C'est ce que vous devriez faire.»

Pauvre «Jos Connaissant»!, il semble convaincu de détenir au fond de son attaché-case une vérité si simple et universelle, et donc applicable à tous les accidentés du travail. Sans doute suis-je la première survivante de crash d'avion qu'il rencontre. Pour lui, je n'ai qu'à oublier que j'ai failli mourir et à me remettre au plus vite des ligaments déchirés, de la rotule arrachée, du bassin écrasé, des côtes défoncées, du poumon perforé, du bras droit fracturé et des traumatismes psychologiques et à revenir travailler comme une brave fille. Simple comme bonjour, quoi!

Comment faire comprendre à ce type que je n'ai pas reçu un madrier sur le gros orteil, que mon existence a explosé en même temps que mon avion...

Pour réorienter ma vie compte tenu de mes nouvelles limites, il faut que j'expérimente et que j'explore mes forces physiques autant que morales. Or, avec l'aide de mon psychiatre, le docteur Dienes, avec l'aide aussi de Francis Amideneau, agent de réadaptation, j'essaye de me trouver de nouveaux intérêts, les anciens ne pouvant plus correspondre à ce que je vis: c'est ainsi que très, très progressivement, je suis revenue aux études.

CHAPITRE 27

Les Fêtes 1980-1981.

Ah! qu'elles sont merveilleuses les vacances de Noël pour une étudiante! Heureusement qu'il y a le docteur Dienes. Sans lui, je ne serais jamais passée à travers cette première session à l'université. Je suis exténuée, mais fière de mon exploit. Je ne me souviens plus exactement dans quelles circonstances j'ai décidé de retourner aux études; je sais seulement qu'un jour, on m'a dit que dorénavant je ne pourrai jamais travailler plus de trois heures d'affilée. Trois heures, c'est la durée d'un cours. Pour ne pas sombrer dans la dépression, je me suis raccrochée à cette idée.

Mon bagage académique contenait bien peu de crédits mais je misais davantage sur mon expérience de vie que sur des connaissances théoriques reconnues en m'inscrivant aux programmes de sexologie comme premier choix et de psychosociologie de la communication comme deuxième choix, à l'Université du Québec à Montréal. À tout hasard, j'avais également posté une demande d'admission aux programmes de psychologie et de communication de l'Université de Montréal.

La sexologie m'attirait plus que tout autre domaine, peut-être parce qu'il n'y avait qu'au Québec que cette discipline se retrouvait dans un programme universitaire, ou par simple intérêt pour les mystères de la sexualité en général, je ne sais plus. Je me souviens très bien par contre que ma déception a été énorme quand j'ai appris que j'étais refusée en sexologie.

Par contre, j'étais admise dans une première sélection en psychosociologie de la communication; une décision finale serait rendue par un comité de sélection au cours de l'été 1980. Plus tard, j'ai appris que ma demande d'admission en psychologie était également agréée par la direction de l'Université de Montréal, à condition que je réussisse deux cours «prérequis» en mathématiques durant les mois d'été.

Je n'avais pas la santé nécessaire pour aborder la scolarité de façon aussi subite et d'autre part, je doutais au plus haut point de mes aptitudes en mathématiques. J'ai donc choisi de m'orienter vers la psychosociologie de la communication (anciennement les Relations humaines) à l'UQAM, ce qui me permettait de franchir la porte de l'Université, avec l'arrière-pensée de revenir à la charge plus tard en sexologie.

Été 1980.

Le jour de l'entrevue d'admission, un professeur et deux étudiants m'attendaient. Ma canne n'a laissé personne indifférent. À la question «Qu'est-ce qui motive votre demande?», j'ai répondu longuement; plus d'une raison justifiait ma démarche. Pour moi, c'était une deuxième chance, la possibilité de refaire ma vie. Je ne pouvais pas reprendre mon travail et mon désir d'être officiellement admise à ce programme était aussi impérieux que ma volonté de guérir. On a dû le sentir à l'entrevue: j'ai eu une excellente évaluation et j'ai été acceptée.

Si Marquita Riel n'avait pas été une psychologue aussi avisée, si elle n'avait pas deviné le poids et la portée de sa décision, je n'aurais pu imaginer aucune autre voie pour mon avenir. Du moins, pas à cette époque. Grâce à ce oui, quand même bien mérité, je pouvais rêver d'un futur.

En septembre, je me suis donc inscrite à trois cours: Théories psychologiques, Approche psycho-sociologique et Introduction à la sociologie. Neuf heures par semaine durant quinze semaines ont «régularisé» ma vie. Mais, car il y avait un «mais», mon poste de secrétaire ministérielle me demeurait ouvert en tout temps et mon salaire continuait à m'être acheminé depuis l'accident. En principe, j'avais droit à cette assurance-salaire jusqu'au 29 mars 1981; cependant, personne ne pouvait ou ne voulait me confirmer ce droit.

La Commission de la santé et de la sécurité au travail cherche depuis, par tous les moyens, et avec la collaboration de mon employeur à me faire réintégrer le marché du travail. On ne m'empêche pas de suivre ces cours mais on n'accepte pas officiellement ce retour aux études comme plan de réadaptation sociale. Pour moi, c'est le seul possible. Quand j'ai parlé de mes espoirs à Francis Amideneau, sans me décourager, il m'a fait comprendre, non pas en son nom mais au nom de son employeur, qu'il appartient à la CSST le rôle de réorienter l'accidenté. Autrement dit, en les devançant et en m'orientant moi-même, j'exerce un pouvoir qui relève d'une juridiction autre que la mienne! J'ai plaidé ma cause: il est déjà arrivé que la CSST accepte un programme de formation comme plan de réadaptation. Mais selon eux, mon cas est différent:

> La formation scolaire est en effet utilisée, lorsqu'un individu est privé de l'utilisation des moyens et connaissances acquises dans le passé et qu'un retour au fonctionnement normal de sa vie est compromis sans l'acquisition de nouveaux outils et de nouvelles connaissances. Or, il appert que vous avez déjà un certificat en relations industrielles. La CSST considère donc que vous êtes suffisamment outillée intellectuellement pour faire un retour sur le marché du travail sans formation supplémentaire.

Je ne peux donc pas me consacrer à mes études en toute tranquillité: ni le ministère de l'Industrie et du Commerce ni la CSST n'approuvent ma démarche et mon statut d'étudiante est extrêmement précaire.

Au niveau physique, ils n'étaient pas de tout repos ces bancs d'école mais au niveau psychique, leurs effets furent totalement bénéfiques: je préfère largement les notes sur mes capacités intellectuelles que celles sur mes incapacités physiques, les pourcentages sont plus encourageants. Je réussis bien, pas exceptionnellement bien, mais très bien, compte tenu de mon état et de mes nombreux soucis face à l'avenir.

Rapidement acclimatée à la vie étudiante, il ne me reste plus qu'à m'accoutumer aux politiques de l'Université du Québec qui diffèrent largement de celles de l'Université de Montréal. Dressée à l'ancienne avec mes allures à la moderne, j'essaie de composer avec la dichotomie: un professeur n'est plus le détenteur de la science absolue, mais une source de références sur l'existence des différents théoriciens et de leurs différentes théories. Je découvre avec le temps que la négociation existe aussi entre professeurs et étudiants. Dans mon mode de pensée traditionnel et surtout à cause du rôle de subalterne qui a été le mien dans le passé, j'arrive difficilement à considérer l'étudiant comme suffisamment adulte — et peut-être même suffisamment intelligent — pour réfléchir lui-même sur les théories proposées. J'ai pensé longtemps à tort que l'étudiant avait pour seul rôle de gober et voilà que l'étudiant, tout comme le professeur, pouvait contester, discuter, douter, et même proposer de nouvelles idées, de nouvelles interprétations à partir des résultats de recherches connues.

Je passe les vacances de Noël à assimiler le jargon psychologique avec Freud et la psychanalyse, Pavlov et le conditionnement classique, Rogers et son approche humaniste, etc.

CHAPITRE 28

Printemps 1981.

Maître Orenstein m'attend à 14 heures. Ce rendez-vous, où une bonne part de mon avenir financier va se jouer, regroupe mon avocat, l'avocat de Québécair, une sténotypiste de la Cour et moi, victime du drame aérien en mal d'entendre la «sentence».

Jean-Marie m'injecte la dose de courage indispensable pour «l'affrontement». J'avale ses conseils mot à mot, et je fais le plein à même son énergie.

Yale Building, rue Peel. La salle de conférences est transformée en salle d'audience pour la circonstance. Douze chaises libres entourent une table monumentale mais tout le monde attend que je prenne un siège avant de s'asseoir. Par pure politesse je serre la main du procureur de la partie adverse. Je salue mon avocat beaucoup plus chaleureusement. La sténotypiste s'installe devant sa machine. Tout ce que j'allais évoquer et invoquer sera transcrit; on m'assermente: «Dites: je le jure.

— Je le jure.»

«Nom, adresse, numéro de téléphone, âge, état civil, occupation, date de naissance, date de l'accident.» «Décrivez les faits, les conséquences, les séquelles de l'écrasement.» «Énumérez les blessures, les douleurs, les fractures et les cicatrices.» «Expliquez le port de la canne.» «Expliquez les traitements continus en physiothérapie.» «Expliquez les traitements psychiatriques.» «Décrivez vos fonctions antérieures au gouvernement. Le salaire touché à l'époque?» «Pourquoi n'êtes-vous pas retournée au travail?» «Résumez vos activités quotidiennes.» «Énumérez les sports que vous pratiquiez et que vous ne pouvez plus pratiquer.» «Avez-vous repris l'avion?» «Quels sont vos revenus actuels?» «Qui est la dame blonde à la voiture rouge?» «Qui est l'homme qui habite aussi chez vous?» «Avez-vous des relations sexuelles? («Pas besoin de prendre cela par écrit», fait-il à la sténotypiste).» «Êtes-vous capable d'en jouir?»

Mon avocat m'a dit que si l'interview comportait des questions hors d'ordre, il s'y objecterait et ferait retirer la question. Je le regarde donc dans l'espoir de ne pas avoir à répondre mais aucune objection ne vient. Je me console en pensant que mes réponses ne sont pas transcrites.

Le supplice dure depuis des heures. J'ai mal partout, j'ai le corps et l'âme meurtris. Je me sens comme une violée qui doit raconter son drame dans les moindres détails, même si tout le monde le connaît par coeur.

Le questionneur se lève, tend la main à la questionnée et déclare, enfin: «C'est tout, vous pouvez partir!» Puis, il va parler à mon avocat et la sténotypiste en profite pour venir me dire à voix basse et avec beaucoup de sympathie: «Bon courage et bonne chance.»

«Je vous appellerai lundi», me dit encore mon avocat avant que je parte, désespérée. Je n'aspire plus qu'à être à l'abri chez moi.

«L'homme qui habite chez moi» m'ouvre la porte et «la femme blonde à la voiture rouge» la referme derrière nous. Et peut-être sur des caméras qui nous espionnent. La paranoïa s'est emparée de moi. Je me sens non plus victime d'un accident, mais coupable d'un crash. Et coupable, en plus, de vivre sous le même toit que mes deux amis. Mon audience a eu lieu dans le bureau de mon avocat, devant un minimum de témoins et pourtant, j'ai eu peur de craquer. Cette rencontre permettra-t-elle un éventuel règlement ou n'est-ce que le prélude d'un harcèlement juridique dont je ne verrai jamais la fin?

Jean-Marie me calme et m'explique que ce qui m'a paru inhumain et odieux est un procédé courant dans ce genre d'affaire. Les questions sur ma sexualité n'étaient pas hors d'ordre car le rapport sur mon incapacité de porter un enfant permettait que l'on enquête sur ma vie intime. Bien sûr, c'est «normal»: il faut aussi prouver à la cour qu'on s'aime pour avoir le droit de se marier, prouver qu'on se déteste pour pouvoir divorcer, prouver qu'on est innocent si notre meilleur ami se fait assassiner... Mais se débattre pour défendre ses droits, c'est plus facile en pleine santé qu'en petits morceaux!

J'explique mon désarroi au docteur Dienes, je le supplie de me guérir des procédures légales. Les mots avocats, cour et justice déclenchent en moi des comportements névrotiques. Je ne pleure plus sur l'écrasement ni sur les morts ni sur mes blessures; je pleure sur ma poursuite en dommages-intérêts dans des cauchemars répétitifs. Dois-je dessiner des hommes en toge pour me délivrer?

Je me soulage en verbalisant mon anxiété en thérapie, en l'étalant à Jean-Marie et en l'écrivant dans mon manuscrit. La «justice» réduit l'humain. Elle ne connaît qu'une loi: celle du plus fort. À partir de là, je dois trouver la force de continuer...

CHAPITRE 29

Juillet 1981.

Le 5 juin 1981 représente dans ma vie une date tout aussi marquante que celle du 29 mars 1979. Une offre de règlement hors cour m'est enfin proposée! C'est le résultat logique, mais pas moins paniquant pour autant, des démarches légales entreprises me semble-t-il il y a une éternité.

Finis les précieux conseils que me prodigue mon avocat depuis la tragédie; la décision finale ne relève désormais que de moi. J'ai beau implorer tous mes proches de me souffler la bonne réponse, tout le monde me fait comprendre que moi seule peut maintenant juger des conséquences de l'offre de Québécair sur ma vie.

Complètement bouleversée, je me rends chez le docteur Dienes. Ni Jean-Marie, ni Lyse, ni mon avocat n'ont pu me calmer; alors j'espère que mon psychiatre pourra me sortir de mon dilemme. Dois-je accepter ou refuser la somme qu'on m'offre pour compenser mon piètre état?

Je suis dans tous mes états et le docteur Dienes ne tarde pas à savoir pourquoi:

«Docteur, vous vous souvenez des quatre millions que mon avocat a réclamés en mon nom dans tous les journaux! Vous vous souvenez... pour compenser les 48% d'incapacités permanentes établies à l'époque par mon médecin traitant, le docteur Hadjipavlou, et par tous les autres experts consultés! Vous vous souvenez surtout, vous êtes bien placé pour cela, des traumatismes psychologiques que m'ont occasionnés ces nombreuses expertises médico-légales. Alors lisez ceci et je vous en supplie, du haut de votre sagesse et de vos connaissances, dites-moi, docteur, ce que je dois faire. Dois-je accepter cette proposition?»

Les parties entendent régler hors cour la présente action de la façon suivante:

1. Sur réception d'une somme de 160,000.00$ la demanderesse signera une quittance complète et finale de toute réclamation née et à naître pour toutes blessures, pertes ou dommages résultant de l'écrasement d'un F-27, propriété de

Québécair et immatriculé CFQBL, le 29 mars 1979 à l'aéroport de Ste-Foy;

2. Ce montant représente la totalité en capital et intérêts des sommes auxquelles a droit la demanderesse suite audit écrasement, nonobstant le fait que ses médecins et les médecins des défenderesses aient évalué l'incapacité partielle permanente de la demanderesse à un pourcentage situé entre 40 et 45 pour cent;
3. Il est spécifiquement convenu que la demanderesse signera une quittance complète et finale en considération du paiement de cette somme même si ses blessures pourraient un jour justifier une augmentation de l'incapacité partielle permanente;
4. Il est également convenu que ladite somme est un excédent des montants payés et/ou payables par la CSST ou par l'employeur de la demanderesse;
5. Les défenderesses prendront fait et cause pour la demanderesse dans l'hypothèse d'une poursuite intentée contre cette dernière en remboursement des montants versés par la Régie de l'assurance-maladie du Québec ainsi que par la Régie de l'assurance hospitalisation du Québec, relatives aux soins médicaux et frais d'hospitalisation encourus pour la demanderesse suite aux événements du 29 mars 1979;
6. La demanderesse reconnaît que le présent règlement constitue une transaction au

sens de l'article 1918 du Code civil de la province de Québec.

7. Il est également convenu que les honoraires judiciaires et extrajudiciaires ainsi que les déboursés des procureurs et de la demanderesse sont payés par les défenderesses en sus de cette somme et les procureurs de la demanderesse sont par les présentes autorisés à signer une quittance pour leurs frais;
8. Le présent document est signé sans préjudice ni admission de responsabilité de la part des défenderesses mais dans le seul but d'acheter la paix et d'éviter un litige.

En foi de quoi les parties ont signé à Montréal ce 24e jour de juillet 1981.

Pendant que le docteur Dienes lit attentivement le fameux document, je me morfonds. Et si je reste handicapée gravement? Et si je ne peux plus jamais travailler? Et si mon état s'aggrave? Et si...

Pourtant, je sais que selon la jurisprudence, il s'agit là d'un «bon» règlement. Maître Louis Orenstein, le père d'Avrum mon avocat, autrement dit le «sage» de l'étude, m'a dit, voyant mon désarroi: «Si tu étais ma fille, je te dirais accepte ce règlement». Mon psychiatre a fini de lire et me regarde en silence. «Répondez-moi, docteur Dienes. Qui applaudira si je signe? Eux ou moi? Que dois-je faire?»

Le docteur Dienes m'explique doucement qu'il ne peut pas répondre à ma question, que ce n'est pas son rôle. Par contre, il peut m'aider à examiner les enjeux de ma décision en fonction de mes objectifs et de ma vie. Alors nous reprenons le document et nous analysons ensemble, article par article, les répercussions de la proposition de Québécair sur mon présent et sur mon avenir; nous dégageons les questions les plus importantes pour moi et des bribes de réponse commencent à s'esquisser.

Quel est mon besoin le plus pressant? «Acheter la paix» et jouir enfin d'un certain repos de l'esprit ou compter sur une victoire lointaine fondée sur l'adage: «Au plus fort la poche». Quelle serait au juste cette victoire; qui peut gagner en évaluant en dollars son propre corps? Qui pourrait estimer avec justesse la valeur d'une jambe en morceaux, d'un bassin émietté qui ne pourra plus jamais porter la vie, de côtes cassées et tordues, d'un poumon perforé causant des complications respiratoires, d'un bras dont l'os tient à cause d'une tige de métal, de treize cicatrices enlaidissant le corps d'une femme jeune et jolie, et évidemment, des souffrances endurées depuis le crash. Quant au choc psychologique, mises à part ces souffrances causées directement par les blessures, il n'est pas monnayable, mais il n'en est pas moins pénible ...

Combien ça vaut tout ça? M'offrira-t-on un jour une somme qui puisse me donner l'impression d'un dédommagement réaliste? Et sinon, pourquoi me torturer encore pendant des mois avec d'interminables démarches? Pour gagner quoi? Quelques milliers de dollars... Non, plus j'examine la question avec mon psychiatre, plus je sais qu'avant tout, je veux «acheter la paix» et «éviter le litige». Et cela, même si j'entends déjà les «Tu es folle! N'accepte pas! Tu pourras obtenir davantage en cour même s'il te faut attendre cinq ans. Ne serait-ce que par principe! Change d'avocat! Bats-toi!»

J'en ai assez de me battre contre tout, contre mon genou, ma hanche, mes douleurs, mon passé, mon présent, Québécair, la CSST, etc. Je ne demande qu'à être soulagée d'au moins un poids et celui-là n'est pas négligeable même si j'essuie un déficit de plus de quatre millions.

Le 24 juillet 1981.

Je crois avoir pris la bonne décision et pourtant j'ai le coeur et l'âme en faillite. Finies les illusions; même infirme, je ne serai pas riche. La somme proposée équivaut à cinq ans de mon salaire. Reste à espérer qu'un jour, je pourrai à nouveau gagner ma vie, que j'obtiendrai une compensation suffisante de la CSST pour dormir sur mes deux oreilles, et surtout que je retrouverai un peu de paix, comme le promet leur fameux article 8!

À part Lyse, Jean-Marie, mon avocat, mon psychiatre et moi, personne dans mon entourage ne connaîtra la somme de mon règlement. Je ne veux pas subir les commentaires. De toute façon, un, deux, trois, quatre millions n'auraient pas davantage compensé ce que j'ai perdu. Je ne veux pas avoir à expliquer, même si j'en suis persuadée, que n'importe quel millionnaire malade échangerait sur le champ sa fortune contre la santé... Il faut être malade pour me croire. Dieu que c'est laid l'argent!

Il fallait nous voir cet après-midi, Jean-Marie et moi dans le bureau de l'avocat. Ti-Jean, comme je l'appelle parfois, m'a aidée à négocier avec tellement de respect, tellement d'indulgence et tellement de bonté que le maudit chèque, une fois dans mes mains, me parut en or massif. Quand même, je n'avais jamais vu un chèque de six chiffres, d'un pouce de long, fait à mon propre nom!

Nous avons pris un taxi jusqu'à la Banque de Montréal. En ce moment les intérêts sont à 22%, ce n'est pas si mal! Je pense que Ti-Jean est content pour moi même s'il ne me l'a jamais dit. Une fois le chèque déposé, il ne m'en a plus reparlé.

Lyse a eu ce même respect, cette même discrétion.

L'argent est en banque mais je vois mal comment je peux en jouir. Dépenser une somme aussi durement gagnée n'avait aucun sens! Ma phobie des chiffres prend des proportions vraiment maladives. N'ayant ni le talent ni surtout le goût de voir prospérer de belles affaires avec de l'argent troqué contre ma santé, j'ai décidé de ne pas consulter d'experts financiers. J'ai déjà assez vu d'experts... et ce n'est pas fini!

Toute réflexion faite, je m'accorderai toutefois quelques petits plaisirs: acquitter les petites dettes que j'ai accumulées; préparer cinq ou six enveloppes-cadeaux pour ma famille, pour Lyse et pour Jean-Marie et m'acheter... une voiture neuve.

Je n'ai pas reconduit depuis l'accident. Ma coccinelle est aussi rouillée que moi alors je l'échange contre une petite merveille. Oui! Je vais m'en payer de belles balades... avec ma RX-7 de Mazda! Je réalise un vieux rêve... et tant pis si ça me prend encore plusieurs semaines à me convaincre que le moteur ne risque pas d'exploser chaque fois que je tourne la clé de contact. Tant pis aussi s'il m'a fallu à mon tour signer un chèque de 18 000$. C'est ça se payer la traite!

Il y avait si longtemps que je n'avais pas fait de folies... et après l'année que je viens de passer, je le méritais bien!

CHAPITRE 30

Janvier 1982.

«Avez-vous repris l'avion depuis?

— Oui, des centaines de fois... dans mes cauchemars!»

Voilà ce que j'ai envie de répondre chaque fois qu'on me pose la question. C'est-à-dire souvent. Dans les faits, non, pas depuis trois ans! Pour moi, l'avion c'est fini. Mais je m'ennuie à mourir de ma soeur...

Danielle s'est expatriée en Floride; elle y vit depuis octobre 1980. Elle en avait ras-le-bol de nos hivers et un jour, elle a quitté nos sols gelés pour leurs terres chaudes. Ce n'était pourtant pas facile pour elle — dans notre famille, les départs ont toujours eu quelque chose de lugubre — mais elle a plié bagage et changé de vie.

Mon désir d'aller lui rendre visite est plus fort que la raison, mais comment vais-je faire pour me rendre jusque-là?

Aucune place n'est disponible dans le train du jour de l'An. Pas question non plus de prendre ma voiture pour une aussi longue distance (d'autant plus que Lyse ne sait pas conduire une manuelle et sa voiture à elle a passé l'âge des folies de jeunesse). Reste l'autobus, plus cher que l'avion et bien moins rapide. Mais l'avion...

Quelqu'un m'a dit que l'autobus est le moyen de transport idéal: on se laisse bercer par les cahots de la route, on s'étend les jambes sur la banquette voisine, on se laisse conduire et, à mesure que les paysages disparaissent derrière soi, on se rapproche de l'été, la seule saison vraiment humaine... Va pour l'autobus! Maman et Jean-Marie viendront nous rejoindre en avion.

Ma joie à la pensée de retrouver Dan ne peut se traduire en mots. Le premier de l'An, un ami vient nous reconduire au terminus à six heures du matin. C'est mon grand retour dans les transports publics.

Nous sommes à New York. Moi qui craignais que nous ayons dépassé la Floride tellement je suis épuisée. Nous changeons d'autobus. Vais-je enfin pouvoir dormir? Non... lui aussi est bondé!

Lorsque nous descendons, trois fois par jour, soi-disant pour les repas, dans les chics terminus des nombreuses villes, nous n'avons que le temps de faire la file devant le «lady's room» et de commander un sac de «peanuts-to-take-out-please». J'ai beau chercher, je ne vois pas le moindre siège libre «pour s'allonger les jambes». Nous traversons les villes les plus laides en plein jour; par contre, Washington que l'on disait si belle me semble bien ordinaire. La nuit, toutes les villes sont grises...

Après la première nuit — blanche ou noire, je ne sais pas ce qui la décrit le mieux — je croyais que mon corps ne se déplierait plus jamais, tant il était crampé. Quant aux cahots qui devaient me bercer, eh! bien ils sont là et se répercutent dans chacune de mes fractures; charmant quand on est justement assise sur un bassin en morceaux...

Encore deux jours sombres et deux nuits blanches, quatre transferts d'autobus et huit chauffeurs dont une femme, et nous arrivons à Fort Lauderdale, courbaturées mais heureuses d'avoir enfin atteint les confins de la planète. De dos, ma soeur ne me reconnaît pas tellement j'ai les jambes enflées.

«J'arrive du bout du monde, lui dis-je. Et je n'y retournerai pas en autobus même si je dois passer le reste de mes jours en Floride.»

Bien sûr, il y a une autre solution: l'avion. Pour la première fois, j'envisage la possibilité d'y remonter. J'ai dix jours pour y penser. Et je ne peux pas compter sur les encouragements de Lyse, elle est aussi terrorisée que moi.

Plusieurs facteurs font pencher la balance: la grosseur de l'avion (un 747); la saison (l'été et non plus l'hiver); la durée de l'envolée comparée au voyage en autobus (trois heures assise au lieu de quarante-huit) et la volonté de guérir de mon épreuve. Sans parler du désir de revenir à Montréal...

Le seul fait de déambuler dans l'aéroport et d'entendre des avions décoller me donne une frousse de tous les diables. La présence de maman et de Jean-Marie me réconforte un peu, même s'ils ont l'air aussi nerveux que moi. On me donne ma carte d'embarquement, je la tiens tellement serré que cette fois, même une tornade ne pourrait me l'arracher. Je suis en larmes. L'hôtesse doit penser que je quitte à jamais un grand amour...

J'avais pourtant pris la peine de raconter mon drame au comptoir de Delta dans l'espoir d'obtenir un siège devant les ailes (histoire de ne pas les voir brûler) mais le préposé aux billets était plutôt méfiant: «Bien sûr! bien sûr! Elle est vieille, celle-là! Vous êtes au moins le dixième passager qui essaie de me faire le coup du crash pour avoir un siège comme ceci ou comme cela. Tenez, voici justement deux billets à côté des ailes. Bon voyage!»

Grâce à Dieu, une dame qui, elle, aime les hublots, nous propose d'échanger nos sièges. Lyse et moi, nous nous asseyons donc dans la longue rangée du centre, juste un peu devant les ailes, comme nous le voulions. Ma voisine semble très vieille et très charmante. La porte se referme. J'ai peur de m'évanouir. L'avion roule sur la piste. J'écoute désespérément les directives de sécurité transmises cette fois par plusieurs agents de bord. Je suis incapable de les regarder. Je revois notre hôtesse faire les mêmes gestes. Je revois les passagers, tout se bouscule dans ma tête. J'essaie de retrouver mon calme en me répétant sans cesse: «Courage! Courage! Je vais y arriver!» Lyse serre très fort ma main droite, incapable de dire un mot. Ma voisine me parle:

«Avez-vous peur en avion?

— Un peu...

— Alors priez avec moi car la peur risque de nous emporter. J'ai beau essayer de me convaincre que «ça ne tombe jamais», ajoute-t-elle, aussitôt me reviennent à l'esprit tous ceux qui se sont déjà écrasés.»

J'essaie de calmer la dame et de consoler Lyse qui s'est mise à pleurer. L'avion décolle. Je tiens la main de Lyse d'un côté et de l'autre, celle de ma vieille voisine, et nous ne nous lâchons plus.

Trois heures plus tard, nous atterrissons saines et sauves à Dorval. La dame desserre les doigts pour applaudir notre arrivée. Je ne peux pas m'empêcher de lui dire: «Vous aviez raison, madame. Ça ne tombe jamais.» Si seulement elle avait su, la pauvre.

J'ai réussi à prendre l'avion. Mais quelques semaines plus tard, je ne suis pas encore remise de mon stress et toutes les nuits, je fais d'horribles cauchemars.

J'ai repris l'avion parce que je n'avais plus le choix mais les choses sont loin d'être réglées. Enfin... on verra bien!

CHAPITRE 31

Février 1982.

Après avoir exorcisé les reliquats de l'écrasement chez le docteur Dienes, après avoir trouvé en lui un père idéalisé (transfert) et avoir pleuré sur son épaule l'absence d'un père réel dans ma vie, après être retournée aux études et avoir réussi une première session universitaire, je croyais enfin émerger et voilà que de nouvelles souffrances se sont installées dans ma vie: les démarches légales ont repris intensivement et la question de mon avenir professionnel devient de plus en plus angoissante, compte tenu des nombreuses restrictions qui m'encerclent de toutes parts.

À la deuxième session, je me suis inscrite à un quatrième cours. N'ayant pas renoncé à l'idée d'une formation en sexologie, en plus de mes deux cours en psychosociologie de la communication, je me suis inscrite à deux autres en sexologie: Introduction à la sexologie et Analyse de la réponse sexuelle.

Le problème, c'est que j'ai tendance à revenir à mes vieilles habitudes, à remplir mes journées de mille et une activités, oubliant par moments que mon piètre état de santé ne me permet pas ce genre de vie. Le contraste entre ma jeunesse et ma mauvaise condition physique, l'écart gigantesque aussi entre mes désirs et mes aspirations et ma capacité réelle à les satisfaire sont souvent difficiles à surmonter.

Mais cette session d'hiver fait des ravages et se charge de me rappeler mes limites. Douze heures de cours signifient quatre aller et retour de chez moi à l'université, les mains encombrées d'une canne et d'un sac de livres. Le froid et les tempêtes ne me donnent aucun répit. Mon traitement en physiothérapie m'oblige encore à trois sessions de deux heures par semaine, qui s'ajoutent à mes deux visites hebdomadaires chez le psychiatre. Et puis il y a les nouvelles expertises légales commandées par la CSST! Tout un programme pour une handicapée! Jour après jour, je mesure mon peu de résistance et je dois me rendre à l'évidence: des journées aussi remplies aggravent mon état. Mes douleurs ne font qu'empirer et me forcent malgré moi à modérer mes élans. Je tiens quand même le coup avec mes quatre cours, mais je crois que, finalement, la sexologie ne correspond pas à ce que je cherchais, et la psychosociologie de la communication pas davantage.

Dans toute la gamme des matières, seule la psychologie m'intéresse passionnément. J'ai analysé sous tous ses aspects la source de cet intérêt dans le bureau du docteur Dienes. Il m'encourage fortement dans cette voie; selon lui, l'expérience de la mort et de la survie me donne des points de repères fondamentaux dans la compréhension de l'être humain. Et puis, ma propre démarche thérapeutique s'inscrit à merveille dans ce cheminement vers la psychologie. Peut-être à tort, la sexologie a fini par me sembler une discipline qui privilégie l'aspect technique du comportement humain au détriment de son aspect psychologique.

J'ai donc décidé de faire une demande d'admission au programme de baccalauréat en psychologie pour la session d'automne 82.

Mais il y a un point noir, et il est de taille: la CSST m'a convoquée pour m'offrir un emploi à temps partiel au ministère de l'Industrie et du Commerce, autrement dit pour m'obliger à réintégrer le marché du travail. Cette offre est, selon eux, taillée sur mesure pour moi: je m'occuperais du dossier des personnes défavorisées sur le plan de l'emploi conformément à la nouvelle politique du gouvernement en matière d'égalité des chances dans l'emploi pour les personnes handicapées. Plus précisément et dans leurs termes, il s'agirait de:

> Développer, à l'intention des personnes handicapées et de leurs organismes de support, des programmes de formation en regard de l'emploi dans la fonction publique.
>
> Rendre davantage accessibles, aux personnes

handicapées, les avis de concours en assurant leur diffusion auprès de leurs organismes de support.

Faire connaître, par une publicité spécifique, le plan d'embauche de personnes handicapées que le gouvernement s'est engagé à soumettre à l'Office des personnes handicapées du Québec, ainsi que son programme d'aménagements adaptés à ce personnel.

Inviter les organismes regroupant des personnes handicapées à s'inscrire au fichier central des fournisseurs de biens et services pour d'éventuels contrats.

Cette offre m'affole. Ne suis-je pas moi-même en plein programme de réadaptation sociale? En thérapie, encore sous traitements médicaux, et très peu solide dans mes projets de nouvelle carrière? Cette offre arrive trop tôt dans ma propre réinsertion sociale qui, en fait, est à peine amorcée. Il m'arrive encore de sécher certains cours lorsque ma santé vacille! Accepter cet emploi m'obligerait à une présence à temps partiel certes mais constante et assidue. Et je ne me sens pas de taille à aider d'autres handicapés alors que moi-même je suis encore si fragile. Non, je ne peux pas accepter cette offre d'emploi. Sacrifier mon projet d'études pour ce travail à temps partiel saperait toute mon énergie et me paralyserait complètement.

Je me sens très vulnérable, trop. Je suis sans doute encore sous le choc de l'écrasement. Mais pourquoi me tourmente-t-on ainsi? Que va-t-il arriver si je refuse cet emploi?

Je viens de recevoir l'ordre de la CSST de me présenter chez un pneumologue rattaché à l'hôpital Notre-Dame de Montréal. C'est le troisième médecin de cette spécialité que je consulte alors je ne comprends pas pourquoi ils y tiennent tant!

Le pneumologue de l'Hôpital général juif de Montréal et aussi celui de l'hôpital Sacré-Coeur de Cartierville ont pourtant transmis leurs expertises respectives mais on dirait que chaque expertise appelle un autre expert, de nouveaux tests et de nouvelles radiographies. «Au cas où des améliorations substantielles se produiraient», dit la CSST. J'essaie de me convaincre que c'est la seule explication. Et comme je n'ai pas le choix, surtout en ce moment, j'obéis!

Je répète mon histoire au pneumologue avec tous les détails psychologiques, orthopédiques, neurologiques, plastiques, gynécologiques, bref tous les détails susceptibles de provoquer chez moi une hyperventilation continue. Il semble que ce ne soit pas «normal» malgré la dyspnée, les fractures des côtes, le pneumo-hemothorax droit, la pleurostomie, l'intubation sous respirateur, et bien sûr, l'angoisse. Selon le médecin, tout ça ne suffit pas à expliquer mes problèmes respiratoires: «Je vais vous faire passer d'autres tests», me lance-t-il comme si ce n'était qu'un détail.

Ce médecin est le 45e à m'examiner sous toutes les coutures. Je les ai comptés. Mais il y a longtemps que j'ai renoncé à calculer le nombre de tests, de prises de sang et de radiographies que cela a signifié.

Cette fois, je croyais réellement que je ne trouverais pas le courage de me présenter à l'hôpital et de passer ces tests. Je ne sais pas où j'ai trouvé cette énergie, c'est sans doute ce qu'on appelle l'énergie du désespoir. Et comme le médecin a coché au-delà de vingt cases sur ma feuille de rendez-vous, la technicienne me prévient que deux longues journées «suffiront peut-être» à les exécuter.

La première journée est réservée à des tests consistant à absorber différentes potions tantôt par le nez, tantôt par la bouche, pour vérifier si je suis ou non allergique à ces substances. Rien qu'à voir ces affreuses machines enlignées, avec leurs séries de boyaux tous plus gros les uns que les autres on peut comprendre que les patients à bout de nerfs soient également à bout de souffle.

Après avoir pompé de neuf heures à cinq heures sans arrêt, j'ai l'impression que je ne pourrai jamais me rétablir suffisamment de cette première journée pour passer les tests de la deuxième.

J'y suis pourtant. Une espèce de guérite en plexiglas trône au beau milieu de l'une des salles d'examens. En voyant la structure bombée et futuriste de cet habitacle hermétique, je me retrouve du coup dans la cabine de pilotage du F-27 écrasé. Je songe justement à prendre mes jambes à mon cou pour me sauver d'ici quand la technicienne me demande: «Pensez-vous être capable de prendre place dans cet engin? Oh! je sais pour votre accident, alors si vous ne pouvez pas... il faut nous le dire! D'autant plus qu'hier, un patient s'est évanoui durant le test!»

J'aspire autant d'air que je peux et je fais signe que oui. Je sais que ce seul test peut faire la preuve de mes problèmes respiratoires. Il faut que je le passe pour compléter l'expertise médicale.

Les quinze minutes que dura ce test furent presque aussi pénibles que les minutes d'effroi qui ont précédé le crash. Ma seule ouverture sur le monde se résumait à la petite embouchure du tube dans lequel il me fallait aspirer et expirer le plus fort possible pendant qu'une aiguille enregistrait mes faiblesses respiratoires. On m'a libérée il y a une demi-heure de cet instrument de torture et j'ai encore peur que la machine explose.

Le tout dernier test consiste à me faire vomir. Charmant. On m'a déjà installé des tubes dans le nez et celui-ci ne m'inspire aucune confiance. Je suis certaine que mon corps se révoltera, qu'il refusera de le laisser descendre jusqu'au fond de l'estomac. J'ai tort. Ils réussissent à le faire passer. Parviendrai-je un jour à me débarrasser de cet horrible souvenir, la sensation qu'on me tranche la gorge de l'intérieur?

«Allez, c'est fini», dit quelqu'un.

Fini! Voilà un mot, me dis-je, que j'ai banni de mon vocabulaire...

CHAPITRE 32

Hiver 1982.

La psychologie me passionne de plus en plus. J'ai trouvé ma voie et je me suis découvert une grande capacité d'apprendre, dans ce domaine en particulier, sans doute à cause de mon expérience de la vie. Le divorce de mes parents comme le crash sont des expériences qui me permettent de comprendre, de saisir intimement les drames des autres êtres humains. J'arrive difficilement à me situer dans une approche spécifique, à part celle de l'écoute active qui correspond à ma capacité naturelle d'empathie. Je crois qu'il est encore trop tôt pour que je puisse faire la part des choses entre les différentes théories et écoles de pensée. Il est aussi trop tôt pour que je sache précisément vers quoi ces études vont m'amener. Mais je sais que je ne retournerai plus au ministère et que mon envie d'aider se fait de plus en plus pressante. Aider qui, où, comment et quand? Ces questions s'ajoutent aux innombrables inconnues de ma vie.

Physiquement, je souffre encore sans répit. Il faudrait que je puisse prêter ma jambe gauche, ne serait-ce qu'une seule minute, pour que les gens qui m'entourent sachent ce qu'est l'horrible sensation de ces «chocs électriques» qui l'irradient constamment des orteils jusqu'au bassin. Mais je préfère largement les chaises de bois de l'école à tous les fauteuils coussinés qu'on trouve dans les bureaux de médecins!

J'aime lire, apprendre et écrire. J'ai par moments l'impression qu'autrefois je ne faisais que fonctionner. Aujourd'hui, la petite secrétaire ne se contente plus d'agiter les doigts au-dessus d'un clavier, elle assiste à la naissance de ses propres idées. Non pas que je renie mon ancien métier ou que j'en aie honte. J'ai été une excellente secrétaire. Je souhaite maintenant devenir une bonne psychologue. Et ça ne va pas de soi.

Quand est venu le temps de m'inscrire au cours obligatoire de statistiques, mon plan de carrière a failli s'écrouler. Je savais à peine faire une simple division, et ma phobie des chiffres n'avait rien à envier à ma phobie des explosions. C'était le vrai défi: mettre à l'épreuve ma capacité d'apprendre une matière qui, à mon sens, n'a rien à voir avec la vie. Heureusement, j'avais Lyse.

Les mots sont trop pauvres pour décrire le sentiment que j'ai pour elle; il est d'une telle profondeur que je m'y perds. Notre amitié date des années 1970 et, depuis, les joies et les peines qui l'ont cimentée n'ont jamais cessé de s'accumuler. Sa conception de la vie correspond de plus en plus à ce que j'ai appris, moi, dans la survie; le drame et la maladie ont consolidé notre complicité fondamentale, notre connivence quotidienne.

Artiste avant tout, Lyse a des qualités peu communes. Elle est discrète, chaleureuse et secrète, et quand elle se confie, c'est à la toile de ses tableaux. Aucun peintre ne peut me transmettre dans ses oeuvres des messages aussi pénétrants que les roses, les blancs et les gris de Lyse. J'ai la chance de vivre en plein coeur de son art. Combien de fois durant ma convalescence me suis-je bercée dans les tableaux de Lyse? Combien d'heures ai-je passées à les regarder, à réfléchir sur la mort et à me dire que les artistes survivent dans leurs oeuvres; Piaf chante encore, Picasso expose toujours et quand je lis Montherlant, il est avec moi. Le temps passe, les êtres humains meurent et leurs oeuvres nous dépassent.

Heureusement, j'ai Lyse et sans elle, je n'aurais pu réussir mon cours de statistiques. Quarante-cinq élèves assistaient en même temps que moi sauf qu'eux n'avaient pas comme moi l'impression de lire du chinois. Je revois encore cet immense tableau recouvert de formules insensées et j'entends encore les autres étudiants demander au prof d'accélérer. «C'est du réchauffé!» protestait l'un, «On se croirait au cégep», s'indignait l'autre. Moi je n'avais ni le cégep derrière moi, ni la bosse des maths devant. Mais j'avais Lyse, mon professeur du dimanche. Elle a eu de la patience et m'a donné du courage; nous avons revu ensemble tout le livre de statistiques, chapitre par chapitre, et même s'ils étaient tous plus compliqués les uns que les autres, avec elle, comme par miracle, je réussissais à grimper les chiffres aux bons endroits. J'en ai bavé un coup pour me taper un 74%; celui-là valait tous les «A» du monde. Mais sans mon professeur du dimanche, et sa foi en moi, mon prof du jeudi m'aurait flanqué un «E» sans hésiter. Un E pour Échec et adieu pour la psycho! J'ai payé cher en temps et maux de tête cette humble note, mais le pire est passé. Et vive la psycho...

C'est fait. J'ai quitté le docteur Dienes. Il m'a libérée de l'avion et soulagée de l'abandon de mon père. Il a allégé mes tourments médico-juridiques et c'est encore lui qui m'a encouragée à m'orienter vers la psychologie. Je crois qu'il m'a donné tout ce qu'il pouvait me donner et que j'ai tiré de cette thérapie tout ce que je pouvais en tirer. Il m'est difficile de rompre mais ça aussi, je dois l'apprendre. Je mets fin à cette thérapie même si d'autres angoisses persistent. La sexualité par exemple. C'est comme si ma libido avait chuté aussi brutalement que moi pendant ce crash ou plutôt, dès que je suis sortie de l'unité des soins intensifs. Parce que là...

Avant l'accident, je n'avais jamais été très portée sur la masturbation. Et pourtant, chose curieuse, durant mon séjour aux soins intensifs, je me suis livrée à fond de train à cette activité, peut-être parce que j'avais besoin de vibrer pour sentir et me prouver que j'étais bel et bien en vie. C'est un souvenir à la fois flou, présent et trouble. Chose sûre, j'ai dû faire rougir certains de mes visiteurs parce que même devant eux, «inconsciemment», j'avais renoncé à toutes mes inhibitions. Mais dès mon retour à la vie — à la conscience — j'ai cessé, volontairement ou involontairement, je ne saurais dire, de m'adonner à l'onanisme.

La douleur, la peur, la maladie nous coupent des plaisirs de la vie. Mon corps était couvert de plaies et de blessures. Avant de jouir, il fallait arrêter de souffrir.

Plus tard, privée de toute autonomie, je me retrouvais dans un rapport de dépendance physique et morale qui me poussait à chercher bien plus la sollicitude et la compréhension que le désir et la passion. Avec le temps, j'ai pris l'habitude de lutter contre mon corps plutôt que de l'écouter pour résister à la souffrance et à l'inertie. Je m'en suis éloignée pour le faire obéir.

Et puis ce corps déformé, couvert de cicatrices, maladroit et endolori m'est devenu étranger en quelque sorte. Je ne l'accepte pas encore. Les autres le sentent et ont peur de m'approcher. Par délicatesse, pour ne pas me blesser. Mais, à la longue, le fait de ne plus désirer, et de ne plus être confrontée au désir, commence à ressembler à un handicap. Un autre à ajouter sur la longue liste.

Est-ce parce que le docteur Dienes évoque trop fortement pour moi une image paternelle idéale que je ne suis pas arrivée à en parler avec lui. Et pourquoi ai-je l'impression qu'il n'est guère plus à l'aise que moi quand j'essaie du bout des lèvres de l'aborder?

J'ai quitté mon thérapeute de l'âme et maintenant je quitte ma thérapeute du corps: je devrai me procurer un équipement semblable à celui utilisé au service de physiothérapie de l'hôpital car désormais je ferai les exercices chez moi! Le progrès est remarquable. Ma jambe est encore raide et endolorie pour ne pas dire douloureuse mais elle peut avancer, plier et me supporter. Sous l'égide de Paula, j'ai travaillé quotidiennement jusqu'à la limite de mes capacités et tous ces efforts doivent maintenant être soutenus à la maison.

Je laisse derrière moi de nouveaux et d'anciens patients, des souffrances atroces, mais aussi les souvenirs des premiers pas menant à ma deuxième vie. Autant il m'a été difficile de renoncer au bureau du docteur Dienes, autant j'ai du mal à quitter la salle de physiothérapie. Finir quelque chose demande autant d'effort que de la commencer. Mais au moins, je suis assurée de l'amitié de Paula, ce qui rend plus facile la cérémonie du départ. Je sais que je vais bientôt la revoir.

Quant à mes rendez-vous à la clinique orthopédique, le docteur Hadjipavlou les a réduits au strict minimum. Il me rencontre désormais dans son bureau toutes les six semaines. Les gens qui soignent les os doivent être fermes avec les malades, sinon ceux-ci n'avanceraient jamais tellement la douleur fait obstacle au progrès. J'ai décidément avancé et, cela établi, le docteur Hadjipavlou peut maintenant s'adresser à sa patiente dans un langage beaucoup plus nuancé; il ne s'agit plus de me pousser au bas du nid pour que je sois forcée de remarcher mais bien de me tendre la main au moment où j'en ai besoin.

CHAPITRE 33

Mars 1982.

Dans le cadre d'un cours de sexologie à l'UQAM, j'ai assisté à une conférence de Luce Bertrand sur la sexualité féminine et j'ai été frappée par l'énergie que dégage cette femme. Enfin quelqu'un qui appelle les choses par leur nom!

Quand j'ai appris qu'elle était psychologue et qu'elle pratiquait, j'ai décidé d'aller la consulter. Je l'ai vue plusieurs fois et de semaine en semaine, je sens que je renoue lentement avec mon corps, que je retrouve une certaine aisance dans ma peau.

Quelle joie!

30 mars 1982.

Pourquoi faut-il que, chaque fois que je fais un progrès quelconque, le ciel me tombe sur la tête?

Depuis un certain temps, le ministère de l'Industrie et du Commerce insiste lourdement pour que je reconsidère leur offre d'emploi à temps partiel auprès des handicapés. Là, c'est la CSST qui intervient:

> Nous avons procédé à l'étude de votre demande de formation en psychologie et après consultation avec les autorités de la réadaptation sociale, il se dégage les points suivants:
>
> Comme nous l'avons signalé, l'un des objectifs visés par la réadaptation sociale est de faciliter le retour à l'autonomie et la réintégration du travailleur dans la société en privilégiant son retour dans un emploi rémunéré. La CSST s'est également donné comme objectif de replacer un individu au sein de la société, dans un état comparable à celui dans lequel il était au moment de l'accident.
>
> Nous devons également signaler que lorsque nous décidons d'autoriser de la formation, nous faisons en sorte que la personne aille la chercher dans un domaine où il existe un potentiel d'employabilité pour que ses études débouchent rapidement vers un emploi. Et il est de l'opinion de la Commission que le domaine de la psychologie n'offre pas de bonnes perspectives d'emploi dans un avenir rapproché.
>
> Après avoir appris le refus de la CSST de vous indemniser pour vous permettre de

> poursuivre vos études en psychologie (mutation et même recherche d'emploi à l'extérieur de la fonction publique), vous nous avez déclaré vouloir poursuivre vos études en psychologie et ne pas vouloir chercher un emploi de quelque nature que ce soit pour l'instant.
> Cette situation nous obligera à mettre un terme aux paiements de réadaptation sociale que vous receviez durant le temps que se faisait l'étude de votre dossier.

J'ai rendez-vous tout à l'heure avec un représentant du ministère et un de la CSST. J'ai peur que tout s'écroule.

Luce Bertrand a pris ma défense auprès des autorités. Elle a lu leur lettre et écouté le récit de ma rencontre avec eux. Et elle leur a écrit!

> Monsieur,
> Lors de son premier appel, Mlle Johanne de Montigny m'a expliqué qu'elle avait été victime d'un accident d'avion en mars 1979 et qu'elle avait été suivie depuis par un psychiatre avec lequel elle avait particulièrement travaillé l'angoisse phobique post-trauma.
>
> Elle désirait maintenant rencontrer une femme psychologue pour l'aider à s'accepter dans son corps de femme handicapée, à réorganiser ses schèmes de vie émotionnelle et

sexuelle et à se réintégrer socialement comme femme de carrière, bref la réorientation complète d'une deuxième vie.

Considérant le pénible de la situation qu'elle avait dû vivre une centaine de fois, soit d'avoir à répéter les détails de son accident, j'ai accepté à sa demande, de lire avant de la rencontrer, le dossier complet relatif à la tragédie dont elle a été victime.

Dès la première visite, Johanne de Montigny m'est apparue comme une jeune femme très équilibrée et très courageuse, désireuse de redonner un sens à sa vie, cette vie qui semblait toute tracée avant ce 29 mars 1979 et qui gravitait autour d'une carrière exceptionnelle pour une jeune femme de 29 ans à l'époque.

Il est évident qu'avant de focusser sur l'aspect professionnel, il était primordial de recentrer Johanne dans son corps de femme. Je sais qu'il est difficile de mesurer en pourcentage le dommage psychologique que subit une personne à la suite d'un accident comme celui dont a été victime ma cliente. Je peux cependant dire qu'il est plus que proportionnel à la longueur des cicatrices qu'elle porte à tout jamais sur tout le corps.

Il l'atteint dans sa perspective à jamais anéantie de vivre un jour une maternité. Il l'atteint dans sa vie intime, dans l'acceptation de son corps «marqué», dans sa notion du désir et donc dans sa libido. Il l'atteint dans sa vie sexuelle, où certaines pressions et certaines positions sont automatiquement des facteurs qui déclenchent des crampes, particulièrement au bassin, au pied et à la jambe gauche l'obligeant à interrompre toute activité, à se lever précipitamment pour marcher ou pour se masser, ce qui est très frustrant pour les deux partenaires et où la peur de la répétition des malaises finit naturellement par créer des blocages.

La déformation marquée de son dos lui crée un complexe permanent qui l'empêche, entre autres, de porter certains vêtements. L'aplatissement total de la région fessière sur laquelle elle est atterrie lui crée également un très fort complexe dans sa vie intime de femme, de même qu'extérieurement.

Dans le cas de Johanne de Montigny, on parle de la réadaptation sociale d'une femme handicapée physiquement mais d'une manière quasi inapparente. On parle d'une femme qui est médicalement déclarée inapte à 45%, on parle d'une femme qui est actuellement très «consciemment» handicapée comme j'ai pu le démontrer précédemment.

Si j'appuie sur ce dernier point, c'est pour faire mieux comprendre l'état de détérioration dans lequel j'ai retrouvé ma cliente jeudi, le 1er avril dernier, état dépressionnaire dans lequel elle ne s'était jamais trouvée depuis le début de notre cheminement.

Regardons d'abord les effets psychologiques que la rencontre avec la partie patronale et avec la CSST le mercredi, 31 mars 1982, a produit sur ma cliente et nous situerons ensuite chronologiquement les événements ou les rencontres qui ont précédé cette entrevue.

Après un entretien de trois heures et à la suite de la proposition de la partie patronale de travailler à la réinsertion de personnes handicapées avec des horaires de travail flexibles, Johanne s'est sentie très angoissée. Incapable de manger ou de dormir, elle m'a téléphoné le lendemain matin, soit le jeudi, pour me demander, pour la première fois depuis le début de nos rencontres, de devancer son rendez-vous qui devait être en principe le vendredi.

Je l'ai donc reçue, dans l'après-midi du jeudi 1er avril, complètement démolie, angoissée, dans un état de détérioration psychologique alarmant, compte tenu du travail important que nous avions fait en trois mois au niveau de l'acceptation de son état et de ses limites, de la confiance en elle, et de l'espoir d'un plan de carrière possible via la psychologie, espoir qui avait été déclenché d'ailleurs, à la suite de sa visite à la CSST en octobre 1981.

Johanne est une jeune femme positive qui lutte chaque jour pour sa «renaissance». Elle a hâte par exemple que les beaux jours arrivent car elle se sentira davantage sécurisée pour essayer de marcher sans sa canne. Cette canne qui non seulement la distingue de bien d'autres mais qui lui apporte presque quotidiennement un questionnement sur ce qui lui est arrivé.

Il est évident que la proposition de travail qui a été faite à Johanne part d'un bon sentiment et peut-être aussi du fait que le programme d'étude qui l'intéresse est dans un champ connexe au travail suggéré. Il est aussi évident pour moi que Johanne a des qualités particulières pour être mature. Elle a le sens de l'humain et son vécu témoigne d'un sens positif à la vie.

Cependant chaque thérapeute, aussi bon soit-il, a ses limites. Un thérapeute refusera de travailler avec des alcooliques par exemple parce qu'ils représentent une problématique personnelle plus ou moins latente. Un autre ne travaillera qu'avec des adultes parce qu'il s'impliquerait trop émotivement avec une clientèle enfantine. Un autre encore refusera tous les cas à base de criminalité parce qu'ils sont directement en opposition avec ses valeurs morales et qu'il ne pourrait pas demeurer objectif et aidant. Certains handicapés, comme Claude St-Jean, travaillent uniquement avec et pour des handicapés souffrant du même problème que le sien. Il trouve sa valorisation dans cette cause et sa raison de vivre est sa lutte pour faire avancer la science qui pourrait le sauver.

Confronter trop tôt Johanne avec des handicapés aurait l'effet contraire, soit celui de lui rappeler la mort, de lui rappeler qu'elle s'est également retrouvée assise dans un fauteuil roulant, lui signaler qu'elle n'est plus maîtresse de son corps mais que son corps lui impose des interdits et ainsi de suite.

La détérioration psychologique, dont j'ai été témoin depuis le jeudi 1er avril dans le processus de la réadaptation sociale de Johanne, m'impose de recommander fortement qu'on considère comme vitale la phase de transition «étude», suggérée au début, par la CSST et sur laquelle la réinsertion a été basée. Je ne saurais trop préciser que nous n'avons pas affaire à un accident de travail mineur et que «l'exceptionnel» de cette tragédie en fait un cas particulier. Dans un premier temps, les seules questions que Johanne se permettait de poser étaient: vais-je vivre, vais-je marcher? Dans un deuxième temps: comment revivre dans mon corps handicapé et avec mes peurs? Dans un troisième temps: je dois me réorienter. Dans un quatrième temps: le retour au travail.

Je crois assurément qu'il est psychologiquement important de respecter les phases de ce processus de réadaptation. Dans le temps, il serait prématuré de penser, et les médecins seraient d'accord avec moi, que Johanne peut se retrouver dans un milieu de travail.

Même si avec la plus grande compréhension, on n'exige d'elle que quelques matinées par semaine, celles-ci ne pourraient être possibles en même temps que les études. Or, je le répète, tout le processus de réadaptation a été basé sur ces études, dans le domaine de la psychologie, qui non seulement est à recommander pour Johanne parce qu'en même temps qu'elle apprend, elle continue à mieux cheminer dans ses comportements, mais aussi parce que c'est un domaine connexe au travail qu'elle effectuait préalablement et dans lequel elle a toutes les chances de réussir, et enfin parce qu'il est important, étant donné le fait que Johanne ne pourra pas reprendre exactement les mêmes fonctions qu'elle occupait avant la tragédie, qu'elle se sache compétente dans quelque chose d'autre et qu'elle ne sente pas au contraire qu'on lui dessine un petit emploi privilégié qui continue d'en faire un être à part.

Il est évident que le milieu étudiant n'est pas aussi stressant que le milieu du travail où les employeurs qui paient sont en droit de s'attendre à une bonne performance, à une ponctualité et à une tenue, et où les pairs n'apprécient pas les faveurs spéciales que les employeurs accordent à certains.

C'est une autre des raisons essentielles pour lesquelles la transition «étude» est nécessaire à Johanne. Il serait actuellement prématuré et très paniquant pour elle de l'amener du fauteuil à la chaise de travail. Après trois ans de convalescence, Johanne doit réapprendre à affronter l'extérieur. En milieu scolaire, par exemple, personne ne remarquera l'étudiante qui a quitté à la pause, si elle en ressent le besoin. C'est de cette liberté d'action et de cette ambiance non menaçante dont Johanne a besoin actuellement pour esquisser sans crainte les premiers pas de sa deuxième vie.

La lettre de Luce Bertrand a eu un effet important sur la CSST qui a changé d'attitude et semble à nouveau soucieuse de m'aider à me réadapter.

Finalement, je ne crois pas qu'ils essaient de m'écraser, simplement de me conformer à leurs politiques. Mais quand une politique est implantée dans une grosse boîte comme la Commission, c'est coulé dans le ciment.

La CSST m'a envoyée voir leur médecin, le docteur Meloche, afin de vérifier à nouveau l'exactitude de mon pourcentage d'incapacités. Non seulement il l'a constatée, mais il s'est aperçu que mon état s'était détérioré; il a diagnostiqué une instabilité du genou gauche qui n'y était pas lors de mon dernier examen. Il l'a notée dans son rapport à la direction. Il a aussi recommandé qu'on me fasse examiner par un psychiatre choisi par la Commission. Il s'appelle Pierre Laberge et, avec moi, il a fait preuve d'une bonté et d'une compréhension exceptionnelle:

Examen fait le 10 juin 1982.

Raisons de la demande:

Procéder à l'évaluation de l'état mental et psychologique de la requérante; émettre une opinion sur ses capacités à pouvoir remplir des fonctions qui lui ont été proposées par son employeur; se prononcer sur l'opportunité de référer la requérante au Service de réadaptation sociale; évaluer, s'il y a lieu, un pourcentage de DAP (Déficit anatomo-physiologique permanent) sur le plan psychiatrique.

Présentation:

Nous sommes en face d'une jeune femme de 32 ans, célibataire, qui se déplace difficilement, présente une démarche claudicante, mais par ailleurs une physionomie éveillée et souriante et avec qui le contact est très facile, cette personne ayant manifestement l'habitude de communiquer avec l'entourage et d'exprimer de façon très claire sa réalité et ses besoins. Elle s'exprime facilement, se montre donc souriante et collabore facilement à l'entrevue.

Historique:

La requérante a été impliquée le 29 mars 1979 dans l'écrasement d'un avion de Québécair alors qu'elle était employée de la fonction publique du gouvernement du Québec. Elle occupait le poste important de secrétaire d'un ministre du gouvernement. Il en est résulté des blessures physiques très importantes qui sont d'ailleurs décrites en détail dans un examen fait le 8 octobre 1981. Je ne résumerai pas ses multiples fractures, j'ajouterai simplement ce qui déjà donne le ton sur le plan psychologique et émotionnel. La requérante fait partie des seuls sept survivants de cette tragédie; 17 autres passagers dont tous les membres d'équipage ont été tués lors de cet accident qui avait fait, à l'époque, la manchette des journaux.

Résumé des antécédents personnels:

Il n'existe aucun antécédent significatif tant sur le plan physique que psychiatrique antérieurement à l'accident. Depuis cet accident, la requérante a dû se soumettre à des soins psychiatriques et actuellement, depuis environ un an, elle est suivie par une psychologue, Mme Luce Bertrand, au rythme d'une séance par semaine.

J'ai pris connaissance du rapport de cette psychologue qui est un peu à l'origine du présent examen dans la mesure où l'employeur de la requérante lui ayant fait une offre de recyclage et lui ayant proposé un emploi qui, selon toute vraisemblance, est approprié aux capacités intellectuelles de la requérante puisqu'il s'agissait d'une sorte de travail social de placement des handicapés au sein du ministère de l'Industrie et du Commerce où la requérante est attachée. Après l'évaluation de la situation, cette psychologue a conclu que les circonstances et le contexte ne favorisaient pas l'acceptation de ce travail qui peut apparaître fort intéressant, à certains points de vue, mais qui, d'une certaine façon, comme je l'expliquerai plus loin, vient contrecarrer des tentatives très évidentes de réinsertion sociale par le biais d'études spécialisées.

Plaintes subjectives:

À la suite de cet accident, et en parallèle aux nombreuses blessures physiques, la requérante a développé un violent choc émotionnel, présentant des insomnies rebelles s'accompagnant de cauchemars, une sorte d'hyperacousie anxieuse au bruit d'explosion, venant lui rappeler les quelques secondes fulgurantes où elle a vu l'avion éclater et les corps des passagers se disperser autour d'elle. Les éléments phobiques sont importants. Il existe cependant peu d'éléments dépressifs, d'autodévalorisation, malgré les forts handicaps physiques. Les capacités psychologiques et effectives de récupération sont excellentes et ont pris avec le temps une très bonne direction. Autrement dit, par elle-même, avant que survienne cette offre d'emploi, la requérante avait aménagé son avenir et s'était trouvé de nouveaux objectifs pour se refaire une personnalité et reprendre contact avec la vie sur un mode positif et gratifiant pour elle-même.

Résumé de l'état mental objectif:

Sujet d'intelligence supérieure qui ne présente aucun symptôme pouvant l'orienter vers une atteinte organique sur le plan du système nerveux supérieur. Il n'existe aucun indice de psychose, aucune perte de contact avec la réalité, l'affect est bien modulé, adéquat.

L'examen mental comme tel, le fonctionnement de l'intelligence est dans les limites donc de la normale.

J'ai bien compris le sens de cet examen psychiatrique. Il est évident qu'il existe des symptômes de névrose post-traumatique de types phobique et anxieux qui nécessitent un pourcentage de DAP sur lequel je reviendrai un peu plus bas. Mais le problème majeur demeure celui de l'attitude à prendre ou à suggérer à la requérante concernant cette offre d'emploi par le ministère qui l'emploie soit le ministère de l'Industrie et du Commerce. Cette offre patronale est intéressante à un certain point de vue et il n'y a aucun doute que la requérante, compte tenu de notre examen psychiatrique d'aujourd'hui, est capable de remplir ce travail. Là n'est pas la question; la question se pose plutôt en terme d'intégrer ce travail au processus de reprise en main et de cicatrisation des blessures psychiques consécutives à ce grave accident. Autrement dit, dans les circonstances présentes, la considération suivante, ce travail est-il approprié aux capacités intellectuelles de la requérante, ne doit pas être considérée uniquement. Il faut considérer d'autres dimensions tout aussi importantes et, même si un travail apparaît intéressant d'emblée, il n'est pas pour autant dit qu'il s'inscrit dans le processus de récupération et de thérapie dans lequel s'est engagée la requérante.

Ayant lu les commentaires de la psychologue, je considère que ces commentaires sont à peu près identiques aux propres considérations de la requérante. Depuis quelques temps, elle envisageait d'étendre sur une période d'environ trois ans des études en psychologie et, de fait, elle a été acceptée à l'Université du Québec dans ce domaine. Reprendre un emploi à plein temps, sous l'égide du ministère qui l'emploie, revient à court-circuiter ce processus de réadaptation et suscite d'emblée chez la requérante des éléments d'anxiété, d'angoisse, et certains souvenirs pénibles viennent perturber son fragile équilibre émotif. Il lui arrive, en pensant au choix qu'elle doit faire, d'être incapable de manger, de dormir, de devoir faire appel à sa thérapeute en dehors des heures normales de rencontre.

Aussi, après avoir soupesé le problème, et avoir longuement discuté avec la requérante et également à partir de considérations cliniques objectives, j'en arrive aux conclusions suivantes:

1. Cette personne souffre actuellement d'une névrose post-traumatique de type phobique. Elle doit de plus réaménager son image d'elle-même à partir des handicaps importants sur le plan physique.

2. Si on interprète le mot incapacité globalement, n'incluant pas seulement les capacités intellectuelles mais également le contexte psycho-émotionnel, cette personne ne peut pas actuellement remplir les fonctions qu'on lui propose.
3. Il apparaît donc indiqué de référer la requérante au Service de réadaptation sociale afin qu'elle puisse, par ailleurs, poursuivre ses études entreprises pour une période d'environ trois ans.
4. Le DAP psychiatrique est actuellement de dix pour cent (10%) venant s'ajouter au pourcentage déjà acquis de DAP sur le plan physique. Ce DAP de 10% sera cependant révisé d'ici une période de deux ans.

Pierre Laberge, m.d.
Psychiatre

Merci, docteur Laberge. Espérons que la direction de la CSST comprendra jusqu'à quel point votre rapport touche le coeur du problème, jusqu'à quel point il est juste et vrai.

CHAPITRE 34

Printemps 1982.

Le docteur Hadjipavlou, en plus d'être l'orthopédiste en chef de l'Hôpital général juif de Montréal, est un des spécialistes les plus consultés pour les expertises légales, à cause de sa grande expérience professionnelle. Quand il a constaté la détérioration subite de mon genou gauche, il m'a expliqué qu'il fallait augmenter mon taux d'incapacités physiques et qu'il ferait un rapport dans ce sens à la CSST. Selon lui, mon taux d'incapacité de 48% sera augmenté d'environ 15%. Toujours le même dilemme; dois-je pleurer ou applaudir? En tout cas, à cause de cette rechute, mon dossier à la

CSST est retourné dans la filière réadaptation sociale et je reçois à nouveau des prestations. Pour le reste, nous sommes tous à la recherche d'une solution pour mon avenir même si nous ne cherchons pas au même endroit.

La CSST m'envoie consulter d'innombrables spécialistes, bon gré mal gré. Une soixantaine au total. Avec autant de diagnostics sur mon pitoyable état, des tas de rapports que je classe tantôt par ordre de dates, tantôt par ordre de maladies...

Quatre ans après l'accident, je sais lesquelles de mes douleurs ne me quitteront jamais; en fait, je sais que j'ai atteint mon «plateau de récupération» et que je risque de «nouvelles complications».

Cependant, j'ai une consolation: mes nombreux handicaps sont presque invisibles et les gens ne s'en rendent pas compte à première vue. Débarrassée du fauteuil roulant, puis des béquilles, il me reste la canne qui, finalement, me donne un petit air aristocrate... Mon visage n'a gardé aucune trace de l'accident et les treize cicatrices réparties un peu partout sur mon corps prennent de plus en plus l'allure de fines égratignures. Ma boiterie ne sera remarquée que par les fins observateurs et la déformation de mon bassin et de ma cage thoracique n'est apparente que lorsque je suis nue. Bref, le pire ne se voit pas et mes douleurs, parfois aiguës, parfois supportables, ne viendront pas à bout d'un coeur aussi heureux de battre que le mien.

Mes migraines sont beaucoup plus fréquentes qu'avant l'accident mais qui pourrait prétendre être incapable de fonctionner à cause d'un mal de tête qui, du reste, finit toujours par passer? Le stress s'est incrusté dans mes mâchoires mais le temps finira peut-être par l'en déloger. L'espoir compte toujours sur le temps.

Ma passion pour la psychologie ne fait qu'augmenter. Je vais bientôt terminer un programme de premier cycle et m'inscrire en maîtrise. Certains cours sur la croissance personnelle et la relation d'aide m'ont permis d'établir des liens entre ma misère et celle des autres. J'ai risqué des mots lourds d'émotions devant des profs et des groupes d'étudiants. J'ai cru d'abord qu'être une bonne psychologue, c'était avant tout pouvoir s'exprimer, s'expliquer. Ensuite, j'ai compris que la peur d'être jugée n'a de sens que pour la personne qui est elle-même portée à juger. Dieu merci, je me suis débarrassée de ce genre de peur et je crois maintenant qu'être une bonne psychologue c'est, entre autres, saisir le drame intime de l'être qui a besoin d'aide et c'est pouvoir le guider pendant qu'il le vit. La tâche du thérapeute consiste avant tout à lui permettre de s'exprimer, crier, pleurer, dire, halluciner, délirer ou ne rien dire, le plus grand danger étant de vouloir à tout prix décider pour lui. Je le sais pour avoir trouvé seule mes solutions, grâce aux thérapeutes qui furent capables d'écouter ma douleur jusqu'au bout. De là aussi l'importance du silence en thérapie comme ailleurs; c'est un espace pour se découvrir.

Je ressens maintenant le besoin d'un autre lieu que la thérapie pour m'exprimer, d'un refuge pour écrire. Un an après le règlement, je décide d'acheter encore un peu de paix.

Originaire des Cantons de l'Est, je connais très peu les Laurentides. Suffisamment toutefois pour les aimer et même avoir envie de m'y installer. Je cherche une belle petite «cabane» bien solide pour m'abriter, un endroit plein d'âme et de charme. Intuitivement et sans aucune recommandation, je me rends à Saint-Sauveur, je me présente à la Maison Léger et je fais part de mon rêve à madame Janovich; elle m'écoute attentivement avant de me conseiller. Je reviens chez moi avec des cartes routières et sa carte d'affaires.

Trois semaines plus tard, je visite une quinzaine de chalets dans la région de Saint-Sauveur. Je cherche un gîte de tout repos, à l'écart des explosions au propre comme au figuré. J'ai besoin de silence parce que je veux écrire un bout de ma vie et étudier la psychologie.

Je visite les alentours du lac Écho et, tout de suite, Morin Heights me paraît la terre promise.

La voilà! Une maison de bois rond, un immense foyer en pierre des champs, des fenêtres qui ouvrent sur de magnifiques sapins. Mais plus encore, un bonheur que je veux saisir à pleines mains. Cathy Janovich a compris ce qu'il me fallait; nous ferons toutes deux une bonne affaire.

Ici, je n'y entends ni avion, ni sirène, ni perforeuse à ciment. Seulement le vent, le chant des oiseaux et le bruit de mon crayon sur le papier. Je jouis de ma nouvelle vie, je passe mon temps à louer Dieu des forces de la nature. Aucun bateau-moteur sur le lac Écho. Des planches à voile, des canots, des voiliers, mon pédalo. Et Charlebois qui pianote quelque part au bord de l'eau.

Un vieil ami, Marcel Langelier, expert en ingénierie, a passé la maison au peigne fin. Sans son aide, sans sa générosité, jamais la maison n'aurait bravé nos quatre saisons. Je pourrai donc m'y réfugier plusieurs mois par année; un nouvel espace pour une sérénité toute neuve. La vie est pleine de chances; à nous de les saisir. Moi, j'ai la chance d'avoir les meilleures/rs amies/is du monde...

CHAPITRE 35

Septembre 1982.

Combien de nuits ai-je passées à repenser à l'atrocité des scènes que nos sauveteurs ont dû affronter pour nous secourir! Des bras et des jambes amputés, des corps décapités, d'autres accrochés dans des branches d'arbres, et d'autres encore qui gisaient ici et là dans le champ, certains encore attachés à leur siège d'avion...

Un bain de sang. J'entendrai toujours leurs voix crier: «Pas elle!», «Pas lui!», «Prends celle-là!», «Prends celui-ci!», «Viens vite!», «Attention! Ça va exploser!», «Il se meurt...», «Il est mort», «Elle est morte», «Il vit encore, tire-le de là.» ... L'horrible nécessité de choisir... les plus blessés, les plus jeunes... Laisser mourir certains pour sauver celles, ceux qui avaient encore une chance... en sachant que les mourants entendent, que l'être qui agonise devant soi est peut-être conscient, qu'il essaie de vous dire «Je vous en supplie, délivrez-moi de là!» et que ces mots qu'il ne peut plus prononcer meurent sur ses lèvres en même temps que lui... Ce soir-là fut probablement aussi pénible pour les sauveteurs que pour les mourants.

Si mes renseignements sont justes, j'ai été la première à quitter le champ des mourants. Plus tard, j'ai lu dans les journaux que certains passagers sont morts dans l'ambulance, je me suis sentie doublement coupable vis-à-vis de ceux qui n'ont pas eu ma chance. Mais j'ai aussi remercié Dieu et mes sauveteurs inconnus pour ces quelques minutes auxquelles ma vie était suspendue.

Mon avocat détenait la liste des survivants, la liste des victimes et la liste des sauveteurs, ces derniers ayant dû, pour la plupart, témoigner à l'enquête du coroner. Deux hommes s'étaient présentés devant le juge pour décrire la femme blessée qu'ils avaient délivrée, moi en l'occurence. Le premier est le sergent Paul Bégin, qui, de sa cuisine, avait vu l'avion en flammes survoler sa maison. Aussitôt il était sorti en courant, avec un mégaphone pour appeler à l'aide. Plusieurs personnes ont vu comme lui l'avion en détresse dans le ciel et ont prévu le crash inévitable; c'est pourquoi nous avons été secourus relativement rapidement. Un autre homme, Marcel Fiset, s'était présenté à la barre des témoins lorsque le coroner avait prononcé mon nom. Il circulait en automobile avec sa petite fille de dix ans; c'est l'enfant qui a prévenu son père qu'une boule de feu volait dans le ciel. Constatant que l'appareil allait s'écraser, ils sont accourus aussitôt sur les lieux.

J'ai attendu deux ans avant d'exprimer ma gratitude à monsieur Fiset. Un jour pourtant, je prends mon courage à deux mains et je me décide à lui téléphoner. Les mots sont pauvres pour exprimer des sentiments aussi forts: «Comment pourrais-je vous remercier?» J'insiste pour qu'il me réponde.

«Nous rendre une visite me semble le plus beau cadeau que vous puissiez nous faire. Mon enfant n'est pas tout à fait remise du choc, m'explique-t-il. C'est que vous étiez tellement...

— Dites-lui que je me porte bien et que seule une canne trahit mes problèmes de santé. J'irai vous voir.»

Je ne suis jamais retournée à Québec depuis ma sortie de l'hôpital. Reste à voir comment je supporterai cette émotion. Lyse m'accompagne. Nous allons d'abord chez le sergent Bégin. En arrivant devant sa maison, il me semble que mon coeur va éclater. L'aéroport est tout près et un avion passe justement au-dessus de son toit. Je regarde le ciel et tout à coup je me souviens des vrilles de notre appareil quelques secondes avant le crash, tout près d'ici. Étourdie, je baisse les yeux et je vois, juste devant moi, un colosse: mon bon samaritain.

«Venez prendre un café», nous offre-t-il avec chaleur en me serrant la main. Il me regarde intensément; mon visage lui est sûrement étranger, une fois nettoyé de son sang. Maladroitement, je dis: «Merci». Si seulement je pouvais inventer un autre mot... Et je fonds en larmes. Le sergent Bégin répond à toutes mes questions, me donne mille détails que je brûle de connaître mais l'émotion est trop forte; je ne saisis presque rien. Nous sommes tous deux bouleversés. Je regarde les photos des passagers, des morts et des blessés. Leurs visages resteront toujours imprimés dans ma mémoire.

«Allons chez monsieur Fiset, propose le sergent. Il nous attend.»

Moi qui ai réappris à marcher, il me semble soudain que mes jambes ne m'obéissent plus; cette enfant me regarde venir vers elle avec dans les yeux une telle angoisse, une telle appréhension, un tel bouleversement que je dois faire tous les efforts du monde pour ne pas m'effondrer à ses pieds. Elle n'aime plus les promenades en auto. Son drame à elle ne s'est pas passé dans un avion mais dans une voiture. Elle fut l'une des premières à voir ce champ parsemé de cadavres et de débris humains. Pourquoi a-t-il fallu qu'une enfant soit témoin de ce massacre?

Elle regarde mes jambes. J'hésite un peu et je relève mon pantalon, pour lui montrer que la masse de chair déchiquetée et sanglante est redevenue un vrai genou, miraculeusement reprisé. Les yeux ronds, elle s'étonne et examine ma cicatrice avec tant d'intérêt et d'émerveillement que je comprends ce que son père avait voulu dire par «Venez nous rendre visite. Ce sera le plus beau des cadeaux.»

Je viens de délivrer une fillette de son cauchemar.

CHAPITRE 36

Après plus de cinquante aller et retour à la CSST, quatre médecins mandatés pour établir le taux «final» de mes incapacités physiques, psychologiques et sociales m'examinent une «dernière» fois dans les bureaux de la Commission. Un fait au moins est maintenant officiel: mon état actuel — et, semble-t-il, permanent — ne me permettra pas de reprendre mon ancien travail, ni aucun autre d'ailleurs. La CSST est enfin formelle là-dessus et en avise mon employeur. Compte tenu de ma condition — et non pas à cause de mes ambitions académiques, la Commission ne peut pas me demander de reprendre un emploi rémunéré. Depuis plus de quatre ans, mon état a empiré et personne (ni eux ni moi) ne peut miser sur l'amélioration de ma santé. Mon bassin demeure enflé et constamment douloureux, mes difficultés respiratoires sont de plus en plus évidentes, et cela en plus de tous mes autres problèmes physiques. Il faut bien que la CSST se résigne à conclure cette histoire.

Malgré la brutalité du verdict, malgré la précarité de ma santé, je ne perds pas courage ni espoir. Je poursuis mes études à bout de souffle, mais jamais à bout de nerfs. Je cultive dans un coin de mon esprit l'espérance de pratiquer un jour le métier de psychologue. Dans un bureau privé, je pourrais choisir mes heures de travail, tenir compte des hauts et des bas de ma santé. Bien sûr, ce type de pratique n'assure aucune sécurité mais j'ai appris à faire confiance à la vie et à ne pas trop m'en faire pour l'avenir. Et puis, il y a tout de même la fameuse pension de la CSST...

Si l'on ne peut plus travailler à la suite d'un accident de travail, la CSST, après étude (très sérieuse, croyez-moi), nous verse une rente en guise de compensation. Cette pension à vie est calculée en pourcentages en fonction du salaire de la victime au moment de l'accident, de son âge et de la date de son accident. Entre-temps nos lois risquent de changer. Pour cette raison, fort logique d'ailleurs, tout est calculé en fonction de la date de l'accident et de ses séquelles.

Je viens de recevoir le rapport final de la CSST:

> Le DAP (déficit anatomo-physiologique) en psychiatrie est maintenu à 10%. Nous ajou-

tons à ce 10% un DAP de 42% en orthopédie se divisant ainsi:

15% pour son genou
10% pour son bassin
2% pour son cubitus
5% pour ses côtes
10% pour sa paralysie du sciatique poplité externe

Par ailleurs, la réclamante a déjà eu 7% en pneumologie, 3% en chirurgie générale.

Donc, le DAP global et final chez cette réclamante est de 72% se divisant comme suit:

42% orthopédique
10% psychiatrique
7% pneumologique
3% chirurgicale
10% (incapacités sociales)
72% Total d'incapacités permanentes.

Il me reste 28% pour fonctionner, quoi! Lire ça, noir sur blanc, a produit sur moi deux effets: d'abord, le choc d'apprendre l'ampleur des dommages que j'ai subis et deuxièmement l'espoir inévitable de les voir «dédommagés».

Effectivement, une rente mensuelle de quelques centaines de dollars me sera versée. Quant aux 72% d'incapacités, j'ai décidé de ne pas trop y croire, en autant que possible. Le plus important au fond, c'est l'attitude qu'on a devant la vie. C'est comme pour la mort; on sait qu'elle nous attend et qu'on n'y échappera pas. Pourtant, on n'y croit pas tout à fait et c'est ce qui nous aide à vivre. Donc, je sais jusqu'à quel point je suis malade, comme tout le monde sait qu'un jour la mort viendra les chercher. Inutile d'en faire un drame.

Cela dit, je n'essaie pas de fuir ni la réalité de la mort ni celle de la maladie. Je tiens seulement à mettre l'accent sur la vie. Plus on aime la vie, plus il devient possible de composer avec la mort. Sans doute, est-ce la raison qui m'incite, en tant qu'être humain et que psychologue, à vouloir un jour accompagner les mourants dans la dernière étape de leur vie. Pendant que j'agonisais, je ne pensais pas à ça et si, aujourd'hui j'étais mourante, jamais il ne me viendrait à l'idée de soutenir un autre mourant. Qui d'autre peut mieux le faire qu'un être bien en vie et bon vivant. Il faut mettre l'accent sur la vie, tant qu'on vit, et même avec un mourant. Un mourant est encore un vivant et tant que je vivrai, rien ne me fera mourir. Même pas mes 72% d'incapacités. Seule la mort elle-même me fera mourir, jamais les choses de la vie. Je vivrai mes 28% à cent pour cent et j'ai l'intention de vivre longtemps.

J'ai un avenir. Bien sûr, l'argent de Québécair et de la CSST calme mon esprit. S'il advenait que je ne puisse jamais m'asseoir de l'autre côté de la table en thérapie, il me restera encore le plaisir de discuter des beautés de la vie avec deux ou trois geais bleus sous mon paquet de sapins. Un acre de verdure facilite la conversation. C'est ça gagner sa vie. Moi, j'ai gagné mon ciel dans les airs, avant de revenir sur cette belle terre. J'aurai au moins ma fortune d'amis, et un ami ça n'a pas de prix.

ÉPILOGUE

Juillet 1985, Morin Heights.

La première chose que j'ai faite en entrant dans la maison, c'est d'allumer un bon feu pour chasser l'humidité; un mois et demi sans venir ici, cela ne m'était encore jamais arrivé...

Je reviens d'un voyage de quatre semaines en France et en Italie avec Lyse et Jean-Marie, qui, lui, est venu nous rejoindre à Rome avant de repartir pour la Grèce. Et si j'ai éprouvé une certaine nervosité — pour ne pas dire une nervosité certaine —, au moment du décollage surtout, les deux trajets en avion se sont finalement très bien passés. Je me suis assise à l'avant de l'appareil même si les statistiques de survie sont meilleures, paraît-il, à l'arrière; je supporte très mal de voir toutes ces têtes qui dépassent des sièges devant moi, et je ne peux pas regarder les agents de bord qui donnent toutes les directives de sécurité en cas d'accident... Et puis, pour être tout à fait franche, je ne suis pas sûre d'avoir le courage de survivre à un deuxième crash! Bref, je préfère m'asseoir en avant pour une série de «raisons» plus ou moins claires qui relèvent moins de la raison que de l'émotion; en avant, une fois le décollage passé, et après un ou deux verres de vin blanc, j'arrive à faire un voyage presque agréable.

Finalement, je n'étais peut-être même pas la passagère la plus énervée. Il y a eu tellement de bombes, de détournements et de crashes ces derniers temps, que les autres ne semblent pas beaucoup plus rassurés...

Cet été ressemble à un bilan. Dans mon cas, le cliché qui consiste à écrire qu'on tourne une page, qu'on passe à un autre chapitre de sa vie, s'applique littéralement. Dès mon retour, le téléphone a sonné; c'était ma maison d'édition. Mon livre sort en octobre. Depuis, j'ai passé la semaine à lire, à relire et à corriger les dernières épreuves de mon manuscrit, dont il ne me reste qu'un chapitre à écrire, celui-ci, en guise de conclusion.

J'ai fait autre chose cette semaine: j'ai rencontré Paul Frappier, mon directeur de «thèse», afin de lui soumettre mon projet de mémoire de maîtrise qui s'intitule: «Le survivant comme sauveteur et comme victime: étude exploratoire des séquelles psychologiques rapportées par des survivants à des catastrophes aériennes».

L'aspect théorique de ce mémoire se fondera sur six interviews en profondeur avec des agents de bord qui ont survécu à une tragédie aérienne, trois d'entre eux ayant subi à la fois des traumatismes physiques et psychologiques, et trois ayant subi un choc psychologique sans avoir été blessés physiquement.

Ce sujet semblera peut-être saugrenu à ceux qui ignorent combien il est près de moi. Pour les autres, il sera évident qu'il est lié de très près à mon histoire.

J'ai été longtemps obsédée, et je le suis sans doute encore, par le stress qu'a vécu ce jeune équipage juste avant de mourir. Travailler là-dessus est sans doute une façon d'atténuer ma peine à l'idée qu'aucun d'eux n'ait survécu. Ce stress dont ils ne pourront jamais parler eux-mêmes a pu être mesuré à la seconde près par le biais de certaines techniques bio-médicales. Le rapport du ministère des Transports est éloquent sur le poids immense de la responsabilité qu'ils ont individuellement porté jusqu'au dernier moment et qui s'est inscrit dans toutes les fibres de leur corps: «le taux d'acide lactique contenu dans les tissus, déterminé lors de l'autopsie, laisse penser que le commandant a été soumis à un stress important pendant environ 15 à 18 secondes, alors que le premier officier lui, a subi la même réaction pendant environ 8 secondes... L'hôtesse a subi un stress très important d'environ 7 secondes.»

Paul Frappier et Robert Letendre ont accepté mon projet de mémoire. Mais autre chose me préoccupe à la veille de la publication de mon livre où tant de souffrances sont exposées au grand jour. Traditionnellement, le psychologue est un individu anonyme, lointain, taciturne, qui garde jalousement le secret sur sa vie privée et ne livre que rarement son intimité. Il semble que cette réserve fasse partie des règles du jeu et ait en soi un effet thérapeutique.

Or, voilà que je m'apprête à publier le récit détaillé des événements et de la démarche qui m'amèneront d'un avion en flammes à la Corporation professionnelle des psychologues du Québec. Ai-je raison de poser un tel geste? Mon malaise est-il justifié d'un point de vue éthique? Paul Frappier me rassure: «Le psychologue a droit lui aussi d'exprimer ses opinions, de prendre position. Si la plupart d'entre nous ne le faisons pas, c'est souvent à cause de nos défenses, pour nous protéger. Tu agis différemment et tu prends le parti de ne pas te contenter d'un rôle de miroir; c'est un geste courageux dont tu peux être fière.»

Il est vrai que j'ai fait ce choix dès le début. C'est effectivement mon expérience intime qui m'a donné envie d'étudier la psychologie et d'en faire un métier. J'aurais pu choisir un domaine moins près du choc que j'ai vécu, mais c'est au contraire cette proximité qui m'a stimulée tout au long de mes études, et qui me stimule encore. Alors, pourquoi le cacher?

Je visionne la vidéocassette de l'émission «Défi: Survivre» que j'ai enregistrée en septembre 1984 dans le cadre d'une série sur les accidents de travail; ces 13 émissions ont été produites par la CSST et rachetées ensuite par Radio-Québec qui les a diffusées au cours de l'année.

Je regarde mon image sur l'écran et plus que d'habitude je suis frappée par l'infinie tristesse qui se lisait encore sur mon visage à cette époque, par la peur qui dilatait encore mes yeux. Depuis, si mon état physique demeure stationnaire, il reste que j'ai enfin retrouvé une joie de vivre et une force jusque-là insoupçonnée.

Des centaines de fois, j'ai pensé à tous les facteurs qui m'ont permis de survivre, d'abord au crash, puis à la maladie. Premièrement, il y a la volonté de Dieu. Puis, l'espoir que m'a donné l'hôtesse Danièle: «Vous serez sauvés, je vous le promets.» Mon excellente santé de l'époque, qui m'a donné la force de résister jusqu'à l'arrivée des secours. La rapidité des secouristes, et du personnel de l'urgence et de la salle d'opération. Mon âge. Le fait de n'avoir jamais fumé (à cause du poumon perforé). L'endroit où je suis tombée, la neige qui a amorti ma chute. Le fait que j'aie débouclé ma ceinture? Je ne sais pas: certains passagers sont morts attachés à leurs bancs, d'autres ont survécu, attachés aussi. L'amour, l'amitié, les soins, le climat de sécurité que m'ont donnés inlassablement mes proches, sans qui jamais je n'aurais pu tenir le coup. Les mots «je t'aime» qui sont les plus grands adversaires de la mort. Ma résistance, mon entêtement qui m'ont alimentée en courage et en espoir alors que tout combat semblait inutile et désespéré. L'écriture, les thérapies qui m'ont aidée à reconstruire ma vie en miettes. Tout ça mis ensemble.

Mais au-delà de ces facteurs, il me semble que j'ai survécu grâce à ma force vitale, à un amour de la vie ancré si profondément en moi qu'il a surmonté toutes les épreuves. C'est cet amour de la vie que j'ai envie de transmettre à d'autres.

J'ai appris de ce cauchemar. Je suis plus heureuse qu'avant, plus sereine, parce que je suis plus consciente de tout. D'être née du ventre de ma mère, d'avoir vécu, d'être morte dans le ventre d'un avion et d'avoir survécu. De vivre. Plus consciente de chaque battement de la vie, de chaque vibration, de chaque frémissement.

Plus consciente de la mort aussi. J'ai gardé de cette expérience le besoin de regarder la mort en face, de l'apprivoiser, de la considérer comme inhérente à la vie. J'ai attrapé dans ce crash la rage de vivre et de respecter la vie jusqu'au dernier instant, jusqu'au dernier souffle.

Je veux travailler avec des survivants mais, avant cela, avec des mourants. Peut-être pour apprendre à ne pas vivre chaque départ comme un abandon.

Cinq ans pour sortir de cet avion, atterrir dans une nouvelle vie et repartir... ailleurs.

Je tiens à remercier très sincèrement:

Le docteur Suzanne Leclair, pour avoir été capable de supporter et de permettre les grands silences, les larmes et les moments très douloureux;

Rodrigue Tremblay, pour tous ses précieux conseils durant ma convalescence et pour son appui dans mes démarches pour des études universitaires;

Avrum Orenstein, pour sa compétence professionnelle et pour le règlement que je considère comme une victoire. Mais surtout pour son immense dévouement à ma cause.

Le docteur Nigel Dienes, pour m'avoir «guérie» de mes phobies post-traumatiques; pour m'avoir aidée à surmonter les nombreux deuils qu'il m'a fallu faire à tous les niveaux, pour m'avoir donné de nouveaux espoirs;

Le docteur Jude Carrier, le docteur Laval Leclerc et toute l'équipe médicale de l'hôpital de l'Enfant-Jésus à Québec, pour leurs soins profondément humains qui ont contribué largement à ma survie;

Diane Poulin pour sa chaleur, pour m'avoir apprivoisée à la solitude et pour m'avoir initiée à de précieuses lectures;

Le docteur Alexandre Hadjipavlou, pour la qualité de ses soins et pour avoir eu le courage de s'impliquer dans une expertise médicale;

Gaétan Lévesque, pour ses soins infiniment précieux et pour sa présence dans les pires moments. Sans lui, je ne suis pas certaine que j'aurais survécu;

Paula Tepper, pour m'avoir sortie de mon fauteuil roulant;

Ma mère, pour m'avoir donné la force de combattre, la volonté de guérir, et par-dessus tout, pour m'avoir donné la vie.

Tante Gertrude et oncle Pierre, pour leur chaleur, leur tendresse et leur affection;

Mes frères Bernard et Pierre, et ma soeur Danielle, pour leur soutien moral et pour nos rapports des plus affectueux;

Messieurs Fiset et Bégin, mes sauveteurs, pour m'avoir tirée des décombres;

Nicole Cailler, pour sa grande amitié et sa présence soutenue avant, pendant et après la maladie;

Michel Béliveau, pour sa chaleur, sa délicatesse et son sourire réconfortant;

Luce Bertrand, pour son aide, sa sincérité et pour la justesse de son expertise psychologique;

Diane Morin, pour son amitié, et pour avoir dactylographié mon premier manuscrit;

Francis Amidencau, pour avoir participé à la reconstruction de ma vie;

Paul Frappier, pour avoir accepté de diriger mon projet de recherche sur la psychologie du survivant;

Yolande (Plume) Fontaine, d'abord pour avoir cru en mon manuscrit, ensuite pour l'avoir proposé aux Éditions du remue-ménage;

Toute l'équipe des Éditions du remue-ménage pour le coeur avec lequel elles font leur métier, et plus particulièrement leur collaboratrice Sylvie Dupont pour la compétence — et surtout pour la sensibilité — dont elle a fait preuve dans l'*editing* de mon manuscrit;

Enfin, à tous ceux et celles qui ne m'ont jamais lâchée «pour autant», je vous dis: merci!

ANNEXE I

Cette patiente est une femme de 29 ans qui a été évaluée à notre département à la fin de septembre 1979 et qui, par la suite, fut hebdomadairement en psychiatrie.

Mademoiselle de Montigny s'est adressée à nous parce que, depuis l'accident d'avion dans lequel elle fut impliquée en mars 1979, elle n'avait pu récupérer psychologiquement et qu'elle se trouvait extrêmement préoccupée par son incapacité à retravailler dans un emploi à pression élevée, emploi qu'elle a toujours fait et aimé dans le passé. Elle souffrait aussi d'insomnie, et avait des attaques de panique lorsqu'elle entendait le tonnerre ou voyait des éclairs, ce qui lui rappelait l'écrasement d'avion. Son histoire psychiatrique passée démontre qu'elle a vu un psychologue à l'âge de 10 ans suite à la séparation de ses parents mais il semble qu'elle a bien fonctionné depuis ce temps et jusqu'à cet accident.

L'état mental en septembre 1979 était le suivant: une jeune femme, âgée de 29 ans, avec cheveux longs, mince, élégamment mais sobrement vêtue. Elle marche avec une canne et elle boite. Elle s'exprime de façon précise et concise. Elle raconte des événements très dramatiques sans dramatiser et quand elle devient très triste (lorsqu'elle parle de son incapacité présente à travailler à son emploi), elle se bat contre ses larmes. Elle devient anxieuse lorsqu'elle parle de l'accident lui-même. Elle nie être suicidaire. Il n'y a pas d'illusions ni d'hallucinations. Il n'y a pas d'évidence de psychose. Les fonctions cognitives sont sans remarque. L'insight est modéré.

Au cours de sa thérapie, mademoiselle de Montigny put maîtriser un peu l'anxiété qu'elle avait vis-à-vis l'accident: elle était capable de parler plus librement de l'accident, de voir des photos de l'accident, etc. Elle a aussi rapporté pouvoir dormir mieux. Elle est aussi devenue plus consciente de sa dépression qui était reliée aux pertes causées par l'accident: incapacités physiques permanentes et incapacité de reprendre le niveau de fonctionnement au travail.

L'état mental en décembre 1979 a changé de la façon suivante. La patiente a gagné du poids et sa démarche est meilleure. Elle est moins anxieuse lorsqu'elle parle de l'écrasement mais se sent plus déprimée, pleurant souvent et plus librement durant les sessions.

Le reste de l'état mental est tel que décrit en septembre 1979.

Le diagnostic est une névrose traumatique.

L'incapacité peut être mesurée en fonction de l'impossibilité d'un retour au travail. Nous estimons que depuis l'accident, son incapacité de retour au travail est de 100% et il est probable qu'elle restera ainsi pour les prochains mois. Il est impossible pour nous d'estimer cette incapacité pour une période prolongée.

Nous avons recommandé à la patiente de continuer la psychothérapie en janvier.

Dr Zimmerman
Psychiatre

Dr Leclair
Psychiatre

ANNEXE II

Sujet: référence numéro 280384

Patiente de 29 ans, qui a subi un accident d'avion le 29 mars 1979, admise à l'hôpital de l'Enfant-Jésus avec un problème de fractures de côtes multiples et emphysème sous-cutané qui a nécessité une intubation prolongée.

Du point de vue orthopédique, cette patiente présentait une fracture isolée de ⅓ moyen du cubitus droit, une fracture des deux branches iléo et ischio-pubiennes du bassin du côté droit. Au niveau du genou gauche, elle présentait une entorse de grade III avec arrachement du ligament croisé postérieur au plafond, déchirure de la capsule postéro-externe et sub-luxation externe du genou. Étant arrivée en état de choc, il a été difficile de préciser s'il existait des lésions nerveuses au niveau du membre inférieur gauche.

Le 30 mars 1979, on a pratiqué une ostéosynthèse de la fracture du cubitus par plaque à six trous, six vis. Au niveau du genou gauche, était pratiquée une réparation avec ré-insertion de toute la capsule postéro-externe du genou, une ré-insertion du croisé postérieur et la mise dans un plâtre en flexion à 45 degrés environ.

Du point de vue orthopédique, les suites ont été marquées par l'apparition d'une hypoesthésie dans la région du sciatique poplité externe avec paralysie du jambier antérieur de l'extenseur commun et propre des orteils.

La conclusion initiale quant à ce syndrome neurologique semblait être une neurapraxie du sciatique poplité externe probablement dû soit à la subluxation externe lors du traumatisme, soit éventuellement encore à sa mobilisation lors de la réparation du ligament croisé postérieur.

Il conviendrait de pratiquer un examen électrique dans les semaines à venir et, en ce qui concerne l'entorse du genou, la patiente devrait être déplâtrée six semaines après l'intervention.

À son examen à l'urgence, la patiente était en état de pré-choc et présentait une dyspnée importante. Une radiographie pulmonaire a montré la présence de multiples fractures de côtes à droite et un pneumo-hémothorax droit.

La patiente a eu une pleurostomie droite et quelques jours plus tard, elle a eu une nouvelle pleurostomie à droite due à l'accumulation de sang au niveau de la cavité pleurale droite.

Au cours de son hospitalisation, la patiente a eu différents examens biologiques et radiologiques. Au départ, on notait une hémoglobine relativement basse pour laquelle elle a eu de multiples transfusions.

La patiente a été intubée et mise sous respirateur pendant plusieurs jours aux soins intensifs. Au cours de son hospitalisation, une infection à staph fut mise en évidence et on a procédé à un traitement aux antibiotiques.

Par la suite, la patiente a également présenté un ictère progressif jusqu'à 8 g de bilirubine pour lequel elle a été examinée et, dans ses examens biologiques, on notait des enzymes hépatiques relativement normaux sauf pour S.G.P.T. légèrement élevé à 44 pour une normale de 5 à 25.

Par la suite, la phosphatase alcaline était élevée à 178 pour une normale de 20 à 80.

Les autres examens biologiques étaient relativement normaux.

Avant son départ, la patiente a eu une cholécystographie qui montrait une vésicule exclue et elle aura éventuellement une nouvelle cholécystographie à double dose.

À l'examen du jour, soit le 23 avril 1979, la patiente est relativement bien, elle présente un plâtre au membre inférieur gauche. Elle commence à se déplacer en chaise roulante.

Comme recommandations, il serait préférable qu'elle ait des soins à domicile pendant quelque temps et également des soins de physiothérapie une fois son plâtre enlevé. Je lui ai suggéré de contacter un orthopédiste qui pourra la reprendre à sa charge une fois à Montréal.

Docteur Jude Carrier

ANNEXE III

J'ai examiné la patiente à mon bureau dans le but de statuer sur l'incapacité causée par son accident.

Historique

L'interrogatoire et autres sources d'information révèlent que la patiente a été sérieusement blessée le 29 mars 1979 à la suite d'un accident d'avion. La patiente a été admise à l'hôpital de l'Enfant-Jésus à Québec le même jour. Elle a été traitée à cet hôpital puis elle a été transférée à l'Hôpital général juif de Montréal. Ses blessures étaient les suivantes:

1. Choc avec insuffisance respiratoire.
2. Fracture de côtes à droite avec pneumo-hémothorax droit.
3. Fracture du bassin.
4. Fracture du cubitus droit.
5. Déchirure ligamentaire du genou gauche.
6. Paralysie complète du nerf péronier gauche.

Johanne de Montigny a été transférée sous mes soins à l'Hôpital général juif, le 14 juin 1979. La patiente a été vue à la clinique d'orthopédie pour une douleur sévère au pied gauche. Le diagnostic de causalgie importante du pied gauche causée par un traumatisme et la paralysie du nerf péronier commun a été fait. Le plâtre a été enlevé et un autre plâtre cylindré a été appliqué pour six semaines. Le plâtre a été enlevé par la suite et elle a été référée en physiothérapie pour mobilisation du genou. Un appareil d'orthèse pour un pied tombant à gauche a été prescrit et pendant les derniers six mois, elle a été traitée avec des analgésiques et des narcotiques pour la causalgie. Finalement, elle a démontré une grande amélioration et la causalgie est presque complètement guérie. Il reste une douleur résiduelle à la colonne lombo-sacrée, aux côtes droites, au genou gauche, une sciatalgie et une boiterie importante. La patiente se plaint aussi d'une fatigabilité très importante, ne peut marcher longtemps et ne peut procéder non plus aux travaux ménagers. Pendant sa récupération, elle a subi une cholécystectomie et une exploration du conduit biliaire au mois d'août 1979. Elle se plaint aussi d'une anxiété très importante avec signes de sinistrose et une phobie importante pour laquelle elle fut sous les soins d'un psychiatre.

Antécédents

Avant son accident, la patiente déclare qu'elle était en bonne santé et active dans son travail de secrétaire de ministre du gouvernement québécois. Elle a donc perdu ce qu'il faut considérer comme un travail stable.

Examen actuel

Présentement, cette patiente est une femme dont l'état de santé est compromis. Son comportement et son équilibre émotif sont normaux. Il y a une tendance à l'anxiété dans son attitude. Elle est apparemment courageuse et intelligente. Elle réussit assez bien à marcher malgré un pied tombant, une lombo-sciatalgie importante et une difficulté respiratoire.

En rapport avec ses blessures, elle se plaint de la présence de nombreuses cicatrices sur le corps, de vagues malaises, de mouvements brusques du genou gauche, de douleurs à la colonne lombo-sacrée, d'un pied tombant à gauche et de douleurs dans l'hémothorax droit.

Tête

Je note l'expression faciale d'une patiente souffrante avec anxiété importante.

Membre supérieur droit

Je note la présence d'une difformité de l'avant-bras droit. Il y a une callosité au tiers proximal du cubitus avec une cicatrice de 8 cm bien guérie. La flexion est dans la limite de la normale. L'extension est diminué de 5 degrés, de même que la rotation et la pronation.

Membre inférieur gauche

Elle déambule avec un pied tombant et porte une orthèse pour cette condition. Les extenseurs des orteils sont faibles et on peut les évaluer comme étant grade 4 avec normale 5. Elle n'est pas capable de marcher sur les talons ni sur le bout des pieds. Il y a une hyposthésie importante à la face latérale du pied et de la jambe gauche. Il y a une hypotrophie importante de la cuisse et du mollet d'à peu près 2 cm. Il y a une cicatrice de 1 cm au-dessous du genou, à la face antéro-médiane, et 2 cm au-dessus du genou, à la face antérieure. La ligne interarticulaire est faible du côté latéral et il y a une instabilité minime du ligament latéral collatéral. Il manque 20 degrés de flexion complète. Les réflexes ostéo-tendineux démontrent que les réflexes du genou sont égaux et normaux mais les réflexes de la cheville gauche ne sont pas présents (réflexes ostéo-tendineux achiliens). Le signe de Lasèque est de 70 degrés.

Colonne lombo-sacrée

La flexion de la colonne lombo-sacrée est diminuée, elle est de 13 sur 10 avec le système de Schobar. Il y a des douleurs à la palpation de l'apophyse épineuse de L-3, L-4, L-5 et S-1 et aussi au sacro-iliaque bilatéralement.

Thorax

Il y a une diminution de l'expansion de la respiration. L'expansion est de 3½ cm. Il y a une déformation de l'épaule droite, l'omoplate est déplacée antérieurement et il y a de la sensibilité à la palpation de la face postérieure du thorax du côté droit. Je note la présence de cicatrices de 3 × 3 cm à la crête iliaque gauche et au-dessous du sein, de 2 × 2 cm.

Système neurologique

Il y a diminution de la sensibilité à la face latérale de la jambe et du pied gauche avec une faiblesse des extenseurs.

Radiographie

On complète notre examen avec une révision des radiographies. Cette révision démontre une fracture guérie de branches pubiennes, une fracture du cubitus bien consolidée. Les radiographies des poumons démontrent des fractures de T-3, T-4, T-5, T-6, T-7 à droite avec déplacement des fragments distaux et de l'omoplate. Déformation causée par le déplacement des fractures des côtes. Les radio graphies de la colonne lombo-sacrée démontrèrent une fracture de l'apophyse transversale de L-2, L-3, L-4 à gauche. Les radiographies du genou démontrent une ostéoporose post-traumatique et des signes d'anomalie de l'épine tibiale.

Discussion et opinion

La patiente a été sérieusement blessée, le 29 mars 1979, quand elle fut victime d'un accident d'avion. Elle a été très chanceuse de s'en tirer vivante. D'autre part, grâce au traitement très adéquat dont elle a bénéficié et à son jeune âge, on se trouve aujourd'hui en face de résultats dont la bonne qualité est plutôt étonnante. La patiente a subi plusieurs investigations de laboratoire. Il n'y a pas de doute que la paralysie complète du nerf péronier commun a montré une grande amélioration cliniquement et électromyographiquement. La sensibilité s'est améliorée mais elle reste avec une sciatalgie gauche importante qui peut être causée soit par une contusion du nerf sciatique au niveau du plexus ou des racines, soit par une hernie discale entre L-5, S-1. Il y a une déformation du thorax causée par des fractures multiples des côtes et de l'omoplate avec déplacement et limitation de l'amplitude respiratoire. Il y eut des fractures de l'apophyse épineuse transversale L-2, L-3, L-4 de la colonne lombaire à gauche avec fracture importante et malformation du bassin. Elle souffre aussi de séquelles de la paralysie du nerf péronier commun avec un pied tombant. Il y a une limitation et une instabilité du genou, séquelles de la rupture ligamentaire. Elle montre une limitation des mouvements à l'avant-bras à cause d'une fracture du tiers proximal du cubitus; il y a une plaque de compression qui doit être relevée dans l'avenir. Cette patiente souffre sans contredit d'une sinistrose dont elle présente des signes et elle fait de l'anxiété. Elle est tendue; elle présente une nouvelle symptomatologie de phobie et d'anxiété post-traumatiques.

En conséquence des considérations qui précèdent, je suggère d'établir la réclamation sur les bases suivantes:

— Une incapacité totale permanente pour un an après son accident, avec révision;

— Une incapacité partielle permanente de 48% se délimitant comme suit:

2% pour fracture des apophyses transverses;
3% pour fracture du bassin;
5% pour la condition de son genou;
7% pour la paralysie du nerf péronier commun;
10% pour dysfonction motrice et sensitive des racines S-1;
1% pour fracture du cubitus;
3% pour un préjudice esthétique;
14% pour les dysfonctions respiratoires;

3% pour les problèmes d'anxiété post-traumatique.

Espérant le tout à votre satisfaction, veuillez me croire, votre tout dévoué.

Docteur Alexandre Hadjipavlou

N.B. Ce rapport médical est un rapport préliminaire. Une révision doit être faite dans trois mois.

ANNEXE IV

TRANSCRIPTION PARTIELLE DU RAPPORT OFFICIEL PUBLIÉ PAR LE MINISTÈRE DES TRANSPORTS, CANADA[1].

RENSEIGNEMENTS SUR LES FAITS

Déroulement du vol

Le 29 mars 1979 un Fairchild F-27 (CF-QBL), exploité pour le transport de passagers à horaire fixe, a quitté Dorval à 13 h 00 HNE (18 h 00 GMT) (toutes les heures sont indiquées en heure locale, heure normale de l'est (GMT moins 5 heures) pour l'aéroport de Québec en tant que vol 270. L'itinéraire devait alors l'amener à l'aéroport de Montréal Mirabel, en tant que vol 285, avec retour vers Québec en tant que vol 252. Le vol 252 est arrivé à Québec à 17 h 28, puis l'appareil, devenu le vol 255, devait redécoller à 18 h 45. Il n'y a eu aucun changement d'équipage.

À 18 h 37 min 40 s, le vol 255 a demandé l'autorisation IFR au contrôle au sol de Québec sur la fréquence 121.9 MHz. Le contrôle au sol a émis l'autorisation suivante à 18 h 37 min 49 s: «255 autorisé à l'aéroport de Dorval, 316 Felix direct

1. Les enquêtes d'accidents sont faites dans un but préventif. Les rapports se limitent aux circonstances pertinentes et sont publiées uniquement pour éviter la répétition des accidents.

Dorval, décollage 06, SID (départ normalisé aux instruments) numéro 1 (retranscription).» L'équipage a accusé réception de l'autorisation en la relisant correctement. À 18 h 43 min 52 s le vol 255 a demandé l'autorisation de rouler. Le contrôleur au sol l'a autorisé pour la piste 06 via la voie Bravo, la piste 30 et la voie Golf, en précisant que le vent était calme et en demandant au vol 255 de contacter la tour de Québec sur 120.3 MHz lorsqu'il serait sur la voie Golf.

Une fois sur la voie Golf, l'équipage a effectué les vérifications normales avant le décollage (voir figure 4). À 18 h 46 min 28 s, l'équipage a contacté la tour pour obtenir l'autorisation de décoller. La tour a autorisé le vol à s'aligner sur la piste 06 à 18 h 46 min 34 s et l'a autorisé à décoller à 18 h 46 min 54 s, en lui donnant l'instruction de contacter le contrôle terminal de Québec sur 119.5 MHz après le décollage.

Le commandant de bord était aux commandes et il a commencé à rouler à 18 h 48 min 43 s, comme semble l'indiquer sa remarque enregistrée au CVR (enregistreur de conversations): «Here we go» (on y va) (pour faciliter l'analyse, la réflexion du commandant «Here we go», à 18 h 48 min 43 s est considérée comme le temps 0 (t0)). Dix-sept secondes plus tard, le premier officier a annoncé: «Pouvoir sec normal, les deux bords» (puissance à sec normale sur les deux moteurs). Vingt-trois secondes près, il annonçait: «Seventy» (70 noeuds) comme l'exigent les procédures de la compagnie. À t29, le commandant a commencé doucement à cabrer. Les amortisseurs du train principal ont commencé à se décompresser, écrasant ainsi le microcontacteur de fin de course qui a déclenché l'enregistreur des données de vol. À t31, un bruit sourd, provoqué par l'élongation de la jambe du train d'atterrissage, a indiqué que l'appareil venait de décoller. La vitesse indiquée a été établie à 95 noeuds (pour obtenir la CAS (vitesse corrigée) ajouter 4 kt).

À t36, un bruit fracassant (bang) venant du moteur droit qui se désintégrait a précédé à ce très important point. L'appareil volait à environ 103 kt IAS (vitesse indiquée) à 40 pieds au-dessus de la piste.

À t42, le commandant a entamé la procédure d'urgence de panne/incendie moteur. À t45 le contrôleur, qui avait remarqué que des flammes sortaient du moteur droit, a informé le vol 255 que le moteur droit était en feu et l'a autorisé à atterrir sur n'importe quelle piste. Entre t50 et tl:05, l'équipage a essayé de rentrer le train d'atterrissage sans succès.

L'appareil a monté jusqu'à environ 120 pieds au-dessus de la piste puis a entamé un virage à droite, apparemment afin de raccourcir le circuit, de rester à vue et d'effectuer un atterrissage d'urgence à l'aéroport. À tl:14, le commandant a demandé que l'hélice soit mise en drapeau. Jusqu'à cet instant, l'équipage ne savait pas que le moteur s'était séparé et que la roue du premier étage du compresseur ainsi que la section avant du moteur avec l'hélice et une partie du capotage étaient tombées sur la piste. À tl:24, l'extincteur n° 1 a été déclenché et l'appareil a continué son virage à environ 100 pieds du sol, à très faible vitesse. Le moteur était toujours en feu (voir les figures 4 et 5).

Alors que l'appareil s'approchait du Collège Sacré-Coeur, l'angle d'inclinaison a augmenté et l'avion a commencé à descendre jusqu'à l'écrasement. L'écrasement a eu lieu sous une assiette de piqué, avec l'aile droite basse, à environ 80 noeuds. L'incendie très important qui a éclaté après l'écrasement a détruit la majeure partie de la section du fuselage qui est à l'avant des ailes.

Au moment de l'impact, le train d'atterrissage était sorti et verrouillé, les volets étaient braqués pour le décollage (16.5 degrés) et le moteur gauche était à pleine puissance.

L'accident s'est produit par une nuit noire, avec un ciel couvert et une visibilité de un mille dans le brouillard.

L'appareil s'est écrasé à 18 h 50 min 31 s, soit 1 minute 48 secondes après le décollage (t0) et 1 minute 12 secondes après l'explosion du moteur (bang). Le point d'impact était situé à environ 4 200 pieds du seuil de la piste 30, à 710 pieds au nord de l'axe de piste et environ 80 pieds en-dessous de l'altitude de la piste (voir figure 4).

Tués et blessés

Blessures	Équipage	Passagers	Autres
Mortelles	3	14	0
Graves	0	6	0
Légères/aucune	0	1	0

Dommages à l'aéronef

L'appareil a été détruit à cause de l'impact et de l'incendie.

Renseignements sur le personnel navigant

Le commandant était assis en place gauche. Il était âgé de 31 ans et était détenteur d'une licence valide de pilote de ligne annotée pour le F-27 et le BAC I-II. Il était entré au service de la compagnie en septembre 1974 et avait été promu commandant sur F-27 en décembre 1978. Il totalisait 5 200 heures de vol. Il avait accumulé 2 434 heures avant de rentrer au service de la compagnie. Au moment de l'accident, il totalisait 565 heures sur F-27 dont 249 en tant que pilote commandant de bord.

Au cours des sept derniers jours, il avait accumulé 26 heures de vol et 84 heures au cours des 30 derniers jours. Au cours des 90 derniers jours, il avait effectué un total de 185 heures de vol. Sa dernière vérification de qualification remontait au 23 février 1979 et sa dernière vérification de compétence en vol au 29 novembre 1978. Il avait passé ces deux épreuves sur F-27. Son dernier examen médical remontait au 22 janvier 1979. Il avait été de repos pendant les trois jours précédant la date du vol et au moment de l'accident, il avait été de service pendant 7 heures 35 minutes.

Le premier officier était assis en place droite. Il était âgé de 27 ans et était détenteur d'une licence valide de pilote de ligne annotée pour le F-27. Il était entré au service de la compagnie en mars 1978; après un contrôle de vol, il avait été affecté sur F-27 en tant que premier officier le 10 avril 1978. Il totalisait 4 787 heures de vol dont 687 heures sur F-27.

Au cours des sept derniers jours, il avait effectué 6 heures de vol et 72 heures au cours des 30 derniers jours; au cours des 90 derniers jours, il avait effectué 195 heures de vol. Sa dernière vérification de compétence en vol sur F-27 remontait au 20 septembre 1978 et il avait passé sa vérification de qualification le 4 janvier 1979. Son dernier examen médical remontait au 14 septembre 1978. Il avait été de repos les deux jours précédant la date du vol. Au moment de l'accident, il avait été de service pendant 7 heures 35 minutes.

L'agent de bord, qui était âgée de 24 ans, était qualifiée sur F-27. Elle avait été engagée par la compagnie en mai 1977, date à laquelle elle avait commencé sa formation. Son dernier stage de reconduction remontait à avril 1978.

RENSEIGNEMENTS SUR L'AÉRONEF

La dernière vérification «A» avait été effectuée à 41 067 h 21, le 27 mars 1979. Toutes les directives de navigabilité et les consignes de maintenance ont été appliquées.

L'appareil avait été construit d'après un certificat de type de la FAA 7A1 et avait été acheté neuf en juillet 1959. Il a été importé au Canada où il a reçu le certificat de navigabilité n° 0501178.

L'avion a été homologué et était entretenu conformément aux procédures approuvées par le ministère des Transports et toutes les modifications ont été effectuées. Aucune défaillance n'avait été signalée avant le dernier décollage.

RENSEIGNEMENTS SUR LE MOTEUR ET L'HÉLICE

La masse opérationnelle à vide de l'appareil était de 25 546 lb ce qui, avec les bagages et le lest, soit une masse réelle supplémentaire de 1 110 lb, donne une masse totale de 26 656 lb. Le poids des 21 passagers a été établi à 3 388 lb, ce qui donne une masse sans carburant de 30 044 lb. La masse brute au décollage avec 5 900 lb de JP4 et 106 lb de méthanol-eau, était de 36 050 lb. La masse maximale autorisée au décollage pour cet appareil est de 40 500 lb et les limites de centrage, train sorti, se situe entre 20% et 38% de la MAC (corde aérodynamique moyenne). Au décollage, le vol 255 était dans ses limites.

Calculs de masse et de centrage

Les enquêteurs ont effectué trois calculs détaillés de masse et de centrage: un lors du décollage, un lorsqu'une partie du moteur droit s'est détachée et un juste avant l'écrasement.

La répartition des passagers dans la cabine a pu être déterminée d'après des renseignements recueillis auprès des témoins. Celle-ci comprenait la répartition au décollage et après le feu moteur, lorsque certains passagers ont changé de place. Au décollage, la masse brute était de 36 050 lb et le centre de gravité se situait à hauteur de la station 376.44 (35.95% de la MAC).

Lorsque la section avant du moteur, l'hélice et le capotage se sont détachés, la masse brute a diminué à 34 957 lb et le centre de gravité s'est déplacé vers l'arrière de 3.73 pouces, à hauteur de la station 380.17 (39.63% de la MAC).

Juste avant l'écrasement, après que quelques passagers se sont déplacés vers l'arrière, le centre de gravité a encore glissé vers l'arrière de 3.60 pouces, pour arriver à hauteur de la station 383.17 (43.18% de la MAC). Finalement, le centre de gravité s'est retrouvé à 5.25 pouces en arrière de la limite arrière.

Renseignements météorologiques

La prévision régionale annonçait une zone de basse pression qui devait passer au nord de la ville de Québec, tard dans l'après-midi. Un front froid s'étendant du sud-ouest, à partir de la dépression, devait passer au-dessus de la ville de Québec à 19 h le 29 mars. Un ciel couvert jusqu'à 12 000 pieds, avec plafond bas et averses au voisinage du front, était prévu. La prévision terminale, révisée à 16 h 25, prévoyait un plafond variant entre 600 et 1 500 pieds et une visibilité descendant à ¼ de mille dans le brouillard et dans la pluie. Le bulletin émis à 17 h 30 prévoyait un plafond variant entre 500 et 800 pieds, avec une visibilité chutant à ¼ de mille dans la bruine et dans le brouillard. Une amélioration était prévue après 19 heures, mais avec des risques continus de plafond à 300 pieds et de visibilité à ¼ de mille. Des vents légers ainsi qu'un givrage, de léger à modéré, dans les nuages étaient prévus, et, au niveau du front, l'isotherme 0 (niveau de congélation) était annoncé au niveau du sol.

L'observation de 19 h 00 a permis d'établir les conditions météorologiques au moment du décollage: ciel partiellement obscurci, nuages épars à

100 pieds, plafond mesuré à 600 pieds couvert, visibilité de 1 mille dans le brouillard, pression au niveau de la mer 1019.7 millibars, température 1 degré celsius, point de rosée 1 degré celsius, vents du 230 à 8 kt, calage altimétrique à 30.01 pouces de mercure, brouillard 1/10, stratus fractus 2/10, stratus 7/10. Une observation météorologique spéciale n'a pas été effectuée parce qu'une observation synoptique régulière était en cours au moment de l'accident. En fait, l'observateur qui se tenait auprès des instruments météorologiques, à côté de l'aérogare, a été témoin de l'accident.

Le vent en surface a été calme entre 14 h 25 et 18 h 00; l'observation spéciale de 18 h 25 a déterminé un vent du 240 à 3 noeuds. Aucun givrage n'était signalé à basse altitude et la stabilité de la masse d'air, ainsi que les vents légers, indiquent qu'il n'y avait aucune turbulence.

Le soleil s'est couché à 18 h 05; la nuit officielle commençait donc à 18 h 35.

Aides à la navigation

Tout le balisage de l'aéroport ainsi que les aides à la navigation et à l'approche, avaient été vérifiés au cours des trois heures précédant l'accident; ils étaient tous en état de fonctionnement et ne sont donc pas des facteurs d'accident.

Télécommunications

La tour de Québec contrôle la circulation aérienne à l'intérieur de la zone de contrôle intégral de Québec (rayon de 10 nm, jusqu'à 4 000 pieds ASL).

L'unité de contrôle terminal contrôle les vols IFR et offre un service d'information de vol à l'intérieur de l'espace aérien dont la responsabilité est déléguée par le centre de Montréal. Toutes les communications entre l'appareil et la tour étaient en français et ne constituent pas un facteur d'accident.

Renseignements sur l'aérodrome

L'aéroport de Québec (46 degrés 48'N, 71 degrés 24'W) est situé à environ 12 milles au nord-ouest du centre de la ville, à Ste-Foy. Au nord, la chaîne des Laurentides qui culmine entre 1 200 et 1 400 pieds ASL, se situe à une distance de 7 à 10 milles de l'aéroport. L'altitude de l'aéroport est de 239 pieds.

L'aéroport de Québec appartient à Transports Canada qui l'exploite sous licence publique; c'est un aéroport de catégorie «A».

L'aéroport est équipé de deux pistes, avec les voies de circulation nécessaires pour faciliter les mouvements des aéronefs.

Piste 06 - 24: 7,500 × 150 pi. (2,286 × 45.7 m), catégorie «A», ILS avant avec alignement de piste sur la 06, et un ILS arrière pour la 24.

Piste 12 - 30: 5,700 × 150 pi. (1,737 × 45.7 m), catégorie «B», approche ADF sur la piste 30. La piste 12 est limitée à la circulation en VFR.

Enregistreurs de bord

L'appareil était équipé d'un enregistreur de données de vol (FDR), et d'un enregistreur de conversation (CVR). Ces deux enregistreurs ont été retrouvés, mais seul le CVR a permis d'extraire certaines informations utiles.

Le FDR était un enregistreur analogique à bobine métal, Fairchild 15600-502, n° de série 5801. Il était logé dans la queue, à l'arrière des lavabos et n'a pas été endommagé ni par l'impact ni par l'incendie. Ce FDR n'est pas prévu pour fonctionner entre le démarrage et l'arrêt des moteurs. Il est enclenché lorsque le microcontacteur de fin de course de la jambe du train d'atterrissage établit le contact, après l'extension complète de l'amortisseur. Pour ce vol, le FDR s'est mis en marche, mais lorsque le moteur droit s'est désintégré, le circuit a été endommagé et le FDR s'est arrêté. L'enregistrement n'ayant duré que 3 secondes, aucune information utile n'a pu être recueillie et les données fournies dans ce rapport sont établies à partir de calculs.

Le CVR (les renseignements pertinents extraits du CVR, enregistreur de conversations, sont inclus dans ce rapport), un Collins 642C-1, n° de série 655, a été retrouvé dans la baie radio, à l'arrière du siège du premier officier. La partie arrière du boîtier extérieur a été gravement endommagée par le feu, mais la partie avant était en bon état. Le boîtier protecteur intérieur n'avait, apparemment, pas souffert de l'impact et de l'incendie. La bobine ne semble pas avoir été endommagée, mais il n'a pas été possible cependant de l'utiliser pour écouter la bande à cause d'un réducteur de vitesse qui était bloqué.

L'écoute a été rendue très difficile à cause de la très mauvaise qualité de l'enregistrement provoquée par des distorsions très importantes du micro cabine et du circuit audio. Avant l'accident, l'enregistrement a duré 13 minutes et a commencé lorsque l'équipage est monté à bord avant le démarrage pour se terminer immédiatement avant l'impact.

En analysant l'enregistrement du CVR, certaines techniques de filtrage et autres ont été utilisées pour accroître la lisibilité, ce qui n'a eu que peu d'effets à cause de la distorsion. Une transcription a pu être effectuée grâce à l'assistance de pilotes de F-27 qui connaissaient l'équipage victime de l'accident. Cependant, malgré tous ces efforts, il n'a pas été possible d'établir tout ce qu'avait dit l'équipage. Même certaines analyses linguistiques sont restées vaines. Les formantes n'ont pu être déterminées à partir du spectre des voix parce que la gamme de fréquences de ces formantes contenait trop de bruit. Ce bruit et la distorsion ont également empêché de déterminer le régime moteur par des analyses du spectre sonore.

Il n'a pas été possible de déterminer pour quelles raisons l'enregistrement était d'aussi mauvaise qualité.

RENSEIGNEMENTS SUR L'ÉPAVE ET SUR L'IMPACT

Observation de l'épave

C'est l'extrémité de l'aile droite qui a d'abord touché le sol, en laissant une trace qui permet, d'après son orientation et sa nature, d'établir approximativement que l'appareil suivait un cap de 239 degrés magnétiques au moment du premier contact avec le sol. Le bout d'aile a laissé une trace d'environ 21 pieds dans le sol, avant l'impact principal. Entre les deux impacts, l'appareil a effectué une rotation sur l'aile jusqu'à ce que le train principal et le mât du moteur droit heurtent le sol. C'est alors que l'emplanture de l'aile droite et la section centrale du fuselage, suivies par le moteur et l'hélice gauches, ont heurté le sol.

L'assiette en roulis et en tangage, au premier point de contact avec le sol, a été approximativement établie en tenant compte de la déformation structurale de l'extrémité de l'aile droite. Il a été possible de mesurer un angle de déformation par rapport au terrain, ce qui, après conversion, donne pour l'aile droite une inclinaison d'environ 14 degrés. Ainsi, on a pu établir un angle de piqué se situant entre 20 et 25 degrés. Cet angle étant considéré comme maximum, il est plus probable qu'au moment où l'extrémité de l'aile droite a heurté le sol, il était de 10 à 15 degrés inférieur.

L'emplacement des traces au sol indique une giration de droite à gauche, ce qui donne une répartition des points d'impact comprise dans un angle de 10 degrés par rapport à l'orientation de la trace laissée par l'extrémité de l'aile droite (239 degrés M). L'emplacement relatif des points d'impact indique que l'avion avait fait un mouvement de lacet, à cause du contact avec le sol, jusqu'à l'orientation de l'impact final à 339 degrés M. La répartition générale des débris par rapport aux traces laissées dans le sol, sont la preuve d'une composante de vitesse latérale importante et indiquent que l'appareil était en dérapage à gauche juste avant l'impact.

Au cours de l'écrasement, l'appareil a été totalement détruit (voir figure 6). L'appareil s'est brisé en cinq sections principales avant de s'immobiliser: les ailes droite et gauche, la cabine, le fuselage et l'empennage.

Le train principal et le train avant ont été trouvés en position sortis et verrouillés. Les volets étaient braqués à 16.5 degrés. Le compensateur de direction était braqué à fond à gauche et le compensateur de profondeur était en position de piqué. Le compensateur d'aileron a été tellement endommagé qu'il n'a pas été possible de déterminer quelle était sa position.

La poignée coupe-feu carburant du moteur droit était fermée et l'extincteur n° 1 avait été déclenché. L'électrovanne coupe-feu carburant de l'aile droite, en amont des réservoirs collecteurs était ouvert. L'examen des circuits de commandes de l'avion a révélé que toutes les commandes de vol fonctionnaient au moment de l'accident.

Les robinets des réservoirs de méthanol-eau droit et gauche étaient fermés.

Les goupilles sol du train d'atterrissage ont été retrouvées à l'intérieur du fuselage, ce qui indique qu'elles avaient été enlevées avant le décollage.

Le levier de commande du train était en position intermédiaire (voir la section Essais et recherche, sélecteur du train d'atterrissage).

La section du moteur droit, à l'avant de la roue du premier étage du compresseur, a été retrouvée sur la piste. Les capotages supérieur, intérieur et extérieur ont également été retrouvés sur la piste. Le capotage inférieur est resté sur le moteur, puis il s'est détaché pour se loger contre la contrefiche de traînée du train principal. Le moteur gauche s'est brisé en deux parties principales lors de l'impact et s'est séparé de la cellule. La section avant, à l'avant du premier étage du compresseur, ainsi que l'hélice, ont été retrouvées à moitié enfouies dans un trou. La section arrière a été retrouvée environ au milieu de la zone d'écrasement. La boîte de relais d'accessoires auxiliaires était assez loin de l'épave principale.

La queue et la partie principale du fuselage se trouvaient à environ 120 pieds du point d'impact principal. Le poste de pilotage a été entièrement détruit par l'incendie.

Séquence de désintégration

La première désintégration de l'appareil a commencé par la séparation de l'hélice et de la partie avant du moteur droit. Le moteur s'est séparé au niveau du premier étage du compresseur. Les pièces du moteur étaient réparties sur 1 300 pieds le long de la piste 06 et la première était environ à hauteur du repère des 3 800 pieds, là où le «bang» a été entendu. Le morceau principal de la partie détachée du moteur droit a été retrouvé un peu plus loin sur la piste (voir figure 1 et annexe B).

Lorsque la première rupture s'est produite, les pièces du moteur ont été éjectées à travers le capotage. Le trou le plus important, d'environ 25 pouces carrés, se situait sur le capotage intérieur ce qui, par rapport au fuselage est situé au-dessus de l'axe des hublots, aux environs des stations fuselage 267 à 277. Le capotage extérieur comportait un trou d'environ 7 pouces carrés à la même hauteur.

Le reste de l'épave était réparti sur une zone d'environ 250 pieds sur 150 qui commençait à partir du point d'impact initial (voir figure 6). L'analyse de la répartition des traces dans le sol et l'examen des morceaux de l'épave trouvés sur les lieux de l'écrasement ont permis de déterminer la séquence d'impact et de désintégration possible. Lors du premier contact avec le sol, les premières pièces à se séparer de l'appareil ont été le saumon de l'aile droite et le feu de position, suivis par une section extérieure de 3 pieds de l'aileron droit et par une partie de l'extrados de l'aile. Alors que l'extrémité de l'aile heurtait le sol, elle a commencé à se plier à hauteur de la station 519 de l'aile et elle s'est rompue aux environs de la station 479. Le reste de l'aile droite, à l'extérieur du moteur, s'est brisé à cause des forces à l'impact.

Le train principal droit a alors heurté le sol suivi par le mât du moteur droit. L'aile droite s'est complètement arrachée à ce moment-là, lorsque les deux fixations de l'aile ont cédé à cause d'efforts en torsion vers l'arrière. L'emplanture de l'aile et le fuselage ont alors heurté le sol et le reste de la section arrière du moteur s'est complètement séparé de l'aile et s'est brisé. La principale partie de ce qui restait de la section arrière s'est arrêtée à 100 pieds de l'endroit où le moteur a d'abord heurté le sol. Le reste de l'aile droite, avec le train principal droit, est passé par dessus l'appareil pour s'arrêter sur l'extrados à environ 70 pieds de l'endroit où l'aile s'est séparée du fuselage.

Le moteur gauche et l'hélice ont heurté le sol à environ 43 pieds du point d'impact du moteur droit. L'hélice gauche et la boîte de réduction ont été retrouvées enfouies dans le trou qu'elles avaient creusé à l'impact. Le reste du moteur, entre l'étage basse pression du compresseur et le tuyau d'échappement, ainsi que les capotages qui y étaient fixés, se sont séparés pour tomber à 31 pieds de là. L'aile gauche s'est rompue au niveau des fixations après s'être pliée vers le haut et vers l'avant. En se séparant, l'aile a entraîné la partie supérieure du fuselage et le tout est tombé à 100 pieds du trou creusé par le moteur gauche.

Entre le moment où le moteur droit et le moteur gauche ont heurté le sol, la section avant du fuselage s'est écrasée. L'absence de cratères causés par l'impact et de dégâts structuraux dans la section de nez, indiquent que l'assiette longitudinale était relativement plate. Les dégâts causés au radome et aux trappes du train avant démontrent que l'assiette en roulis était de 27 degrés à droite. Pendant ce temps, le fuselage et la queue se sont séparés pour tomber sur le dos, à environ 120 pieds de la principale zone d'impact. Le fuselage s'est rompu après s'être plié, sous l'effet de la force d'inertie, et la queue s'est brisée lorsque la partie du fuselage qui s'était séparée a heurté le sol.

Renseignements médicaux et pathologiques

L'examen pathologique des trois membres d'équipage n'a identifié aucune cause médicale qui aurait pu affecter leur capacité.

Il a été remarqué que le commandant et le premier officier avaient été grièvement brûlés et que leur coeur avait cédé. Leur estomac contenait de la nourriture, mais il n'y avait aucun dépôt de suie dans la trachée. Ces constatations permettent d'établir que les deux pilotes ont été tués lors de l'impact et que les brûlures ont été provoquées par l'incendie qui a suivi. Les analyses biochimiques n'ont pas révélé de présence d'oxyde de carbone ni d'alcool dans le sang. Le taux d'acide lactique contenu dans les tissus, déterminé lors de l'autopsie, laisse penser que le commandant a été soumis à un stress important pendant environ 15 à 18 secondes, alors que le premier officier lui, a subi la même réaction pendant environ 8 secondes.

L'analyse pathologique conduite sur l'agent de bord a permis d'établir qu'elle était morte lors de l'impact à cause d'une hémorragie cérébrale et d'une fracture du crâne. Sa jambe droite portait les traces d'une blessure par coup. Les analyses biochimiques n'ont révélé aucune trace d'ingestion d'éthanol. L'analyse de l'acide lactique contenu dans les tissus indique que l'hôtesse a subi un stress très important d'environ 7 secondes.

Une analyse effectuée sur le commandant et sur l'agent de bord, pour déterminer s'il y avait présence de médicaments les plus répandus, s'est révélée nulle.

L'examen effectué sur les passagers morts a révélé qu'ils avaient subi de graves blessures à la tête, notamment des fractures du crâne. Certains portaient des traces de blessures par coup aux membres inférieurs. Un seul passager, qui a été tué sur le coup, a été brûlé par l'incendie qui a suivi l'écrasement. Environ les deux tiers des passagers portaient des traces de blessures dues au port de la ceinture.

D'après les blessures que portaient les corps des passagers qui n'ont pas survécu, et les déclarations faites par ceux qui ont survécu, on peut penser que si plus de passagers avaient pris la position d'écrasement, c'est-à-dire replié vers l'avant avec les bras sur la tête, un plus grand nombre aurait survécu aux forces d'impact qui ont atteint environ 9 G. Au moins deux survivants ne portaient pas leur ceinture de sécurité et l'un d'eux était assis dans la rangée 6, alors que l'autre était assis à l'arrière de l'appareil. Le fait que certains passagers portaient leur ceinture alors que d'autres ne la portaient pas, n'a pas semblé affecter la répartition des blessures à bord.

Incendie

Après la séparation du moteur, le feu a éclaté dans le fuseau du moteur. Au début, il était très important. Un témoin a vu des flammes qui s'étendaient jusqu'à l'amortisseur du train d'atterrissage. Les survivants ont déclaré qu'au fur et à mesure le feu a diminué d'intensité, qu'il s'était confiné au logement du train et que les flammes atteignaient environ 5 à 8 pieds à l'arrière du fuseau. L'intensité du feu a probablement diminué après que le pilote a actionné la poignée coupe-feu coupant ainsi l'arrivée des carburants et lubrifiants au niveau de la cloison pare-feu; cependant, cela n'a pas empêché que l'incendie a continué jusqu'à l'écrasement.

Les réservoirs de carburant se sont rompus à l'impact et un incendie très important a éclaté. La section avant du fuselage et le poste de pilotage ont été ravagés par le feu; une partie des deux ailes a également été endommagée par l'incendie. La section principale du fuselage, l'arrière des ailes et l'empennage ont été les seules parties à n'avoir pas été endommagées par l'incendie qui a suivi l'écrasement (voir figure 2).

QUESTIONS RELATIVES À LA SURVIE DES OCCUPANTS

Réactions à l'accident

Le chef de quart du service incendie a vu l'appareil par la fenêtre du poste incendie, alors qu'il passait à environ 50 à 75 pieds du sol avec le moteur en feu. Au même moment, à 18 h 49 min 30 s, la sirène a été déclenchée. Deux véhicules, avec à leur bord deux pompiers chacun, ont immédiatement quitté le poste incendie et ont appelé Québec-sol sur 121.9 MHz à 18 h 49 min 56 s. La tour a autorisé les véhicules à prendre position le long de la piste 06. Avant que les pompiers n'atteignent la position fixée, ils ont vu l'incendie s'élever de l'appareil qui s'était écrasé, à l'extérieur de l'aéroport, dans la zone d'approche de la piste 30. Les deux véhicules se sont alors dirigés vers le lieu de l'écrasement en passant par les voies d'accès. Le personnel de la tour a alerté les pompiers de Ste-Foy ainsi que les services de police et d'ambulance.

Les véhicules incendie sont arrivés sur les lieux à 18 h 56 environ. L'endroit, un pré traversé par une voie de chemin de fer, a rendu l'accès impossible aux véhicules. Un des véhicules a fait demi-tour pour essayer de passer par le collège et d'atteindre l'épave, mais il est resté bloqué dans la neige molle qui recouvrait la cour de l'école. Au même moment, le chef du service incendie et deux pompiers ont couru vers les lieux avec des extincteurs portatifs. Ils ont trouvé l'épave complètement en feu, sauf la partie arrière du fuselage qui s'était séparée du reste de l'avion. L'incendie était ponctué par des explosions. Plusieurs policiers et pompiers de Ste-Foy se trouvaient déjà sur les lieux, et ils portaient assistance aux blessés. Deux ambulances sont arrivées environ 5 minutes après les pompiers. Il a fallu environ 55 minutes pour éteindre l'incendie. Tous les passagers ont été évacués en 25 minutes.

Résistance à l'impact et survivabilité

L'analyse des forces à l'impact (décélération) a été effectuée d'après la vitesse d'impact, l'angle d'impact, la déformation de l'appareil et du sol lors de l'écrasement et la forme des trous et des pièces pour déterminer l'amplitude et la direction du choc. Des calculs distincts ont été effectués pour le poste de pilotage et pour la cabine. Ces calculs sont approximatifs et s'inspirent des méthodes utilisées dans la cinématique des écrasements par une grande université.

Pour le poste de pilotage, on a établi que la force horizontale à l'impact avait été de 20 G vers l'avant pendant 0.11 seconde. La force verticale a été de 80 G vers le bas pendant 0.08 seconde. La force résultante était de 82 G.

D'après l'examen de la déformation du terrain et du fuselage, on a conclu que le fuselage avait principalement heurté le sol dans le sens vertical. Les forces à l'impact ont donc été calculées dans ce sens et établies à 9.4 G pendant 0.23 seconde.

La section du poste de pilotage n'avait permis aucune chance de survie à ses occupants, car les forces de décélération dépassaient les limites de la résistance humaine. De plus, l'espace habitable a été détruit à cause de la déformation et de l'incendie qui a suivi l'écrasement.

En général, on peut considérer que la cabine offrait quelques chances de survie puisque, en grande partie, l'impact a été absorbé par la déformation structurale et la rupture du fuselage et des ailes, et qu'il n'y a pas eu d'incendie dans cette zone. L'énergie absorbée lors de la rupture structurale a limité les forces de décélération au niveau de la cabine. Le fuselage, qui a heurté le sol sur le dos après l'impact, offrait des chances de survie, et il est intéressant de noter que les forces à l'impact au niveau de la section arrière de la cabine étaient assez faibles. Les deux derniers sièges à l'arrière étaient encore intacts et l'office arrière n'a pas été endommagé.

Tous les sièges des passagers, sauf deux, ont été arrachés et éjectés à l'extérieur de la cabine à la toute fin de la séquence d'écrasement. Les lèvres des rails se sont écartées, mais les rails eux-mêmes sont restés fixés au plancher.

Tous les passagers ont été éjectés par l'ouverture avant du fuselage.

Moteur droit

La roue basse pression des turbo-propulseurs Rolls Royce de la série Dart de type centrifuge, à entrée d'air unique, est couplée directement à la turbine. Des passages sont percés dans le moyeu pour l'injection du mélange eau-méthanol. La roue, d'un diamètre de 20 pouces, est en Hiduminium RR58, alliage d'aluminium particulier à Rolls Royce. Elle comporte un alésage cannelé et 19 ailettes en étoile. L'ensemble rotatif, constitué de la roue et des ailettes d'entrée, est fixé sur l'axe par un écrou. La durée de vie de l'ensemble est limitée par le nombre de cycles subis après chaque réusinage de l'alésage, conformément aux modifications successives 797, 1455 et 1676. Ces modifications peuvent être effectuées à l'occasion d'une révision. Par cycle on entend un décollage et un atterrissage.

À l'origine, la face de butée arrière de l'alésage de la roue était en contact avec le manchon d'étanchéité en acier, ce qui engendrait un phénomène de fatigue par frottement. Pour éliminer ce problème de frottement des surfaces en contact et les efforts de torsion et d'oscillation qu'il entraînait, la compagnie a publié un bulletin technique (n° DA72-430, modification 1732) le 30 juillet 1976, ce document a été révisé en août 1977. Ce bulletin exigeait l'installation d'une cale anti-frottement entre la face de contact arrière du moyeu de la roue et la surface correspondante du manchon d'étanchéité ainsi que certains travaux de réparation indiqués dans le document «Dart Repair Sheme no. 528» (Élimination des traces de corrosion par frottement sur la face de butée arrière de la roue basse pression). La cale, d'une épaisseur de 0.018 pouce, est faite de S/SJ2 et elle est recouverte d'un type de Teflon, le P.T.F.E. Le bulletin technique DA-72-294 (modifications 1455), qui a été publié le 18 avril 1967, dont la dernière modification remonte au 2 juillet 1976, exigeait que les cannelures soient approfondies pour éviter les criques de fatigue qui se développent à cause des hautes contraintes auxquelles est soumise la base des cannelures. Le bulletin technique DA-72-402 (modification 1676) qui a été publié le 16 février 1973 avec la dernière modification le 2 juillet 1976 exigeait que le métal fatigué de l'alésage des roues basse pression qui avaient subi la modification 1455 soit retiré du service.

Le bulletin technique DA-72-A401, publié le 26 février 1973 et révisé pour la dernière fois le 6 février 1974 donne une nouvelle durée de vie pour les roues basse pression conformément aux modifications 797, 1455 et 1676 et un nouveau numéro de pièce a été assigné. Pour la roue en question qui s'est fracturée, le numéro de pièce était RK 46582.

L'examen du matériel et des dossiers indiquait que la roue brisée portait à l'origine le numéro de pièce PN 41 842 (numéro de pièce sera abrégé P/N [Part Number] pour les besoins du présent document) et le numéro de série S/N SZ551 (numéro de série sera abrégé S/N [Serial Number] pour les besoins du présent document), et qu'elle avait été déposée à la fin du potentiel du moteur (S/N 12 023) en 1977. Elle totalisait alors 7 033 heures 8 800 cycles. Les modifications 1 676 et 1 732 avaient été effectuées conformément aux bulletins techniques Rolls Royce DA-72-402 et DA-72-403.

La roue (P/N RK 46582) avait été ensuite remise en service avec 7 300 heures de temps total et au cycle 0. Il avait été estimé qu'elle pouvait subir encore 1 250 cycles conformément aux recommandations du bulletin technique DA-72-A401. La roue a été remontée sur le moteur S/N 12 023 par Rolls Royce à l'occasion d'une révision et le turbo-propulseur, complètement révisé, avait été autorisé pour la remise en service le 4 octobre 1977. Après les modifications, la roue s'est fracturée au bout de 2 259 heures 57 de fonctionnement et 2 696 cycles.

Séquence de rupture de la roue

La roue basse pression trouvée sur la piste, s'était fendue en deux parties à peu près égales (voir photos 1 et 2). Après la fracture, la force centrifuge a projeté les deux moitiés de la roue contre le diffuseur d'acier, causant des dégâts considérables et la rupture des vis de fixation du diffuseur. Par la suite, l'ensemble des aubes de guidage interétage s'est rompu; les débris projetés ont déchiré le carter de magnésium du compresseur qui forme la partie principale de la structure du turbopropulseur, et, par conséquent, ont causé des dommages considérables au capotage. La partie avant du turboréacteur a commencé à osciller et entraîner la rupture de l'arbre des ailettes rotatives d'entrée et de la roue basse pression. Les panneaux des capotages supérieurs et latéraux se sont détachés de l'avion et le panneau inférieur s'est mis à pendre en arrière pour finalement venir s'appuyer contre la contre-fiche de traînée du train principal. À la baisse de régime le détecteur de couple a déclenché la mise en drapeau automatique de l'hélice. Le déplacement s'est interrompu à un angle de calage de 54 degrés, quand la partie avant du moteur est tombée vers l'avant, sectionnant les câbles électriques du moteur de mise en drapeau.

La plupart des conduites d'alimentation carburant ont été abîmées ou arrachées de leur raccord, et, sous l'effet de la pompe d'appoint, le carburant a été vaporisé dans le compartiment moteur, où il s'est enflammé au contact des étincelles produites par le métal déchiré ou les câbles électriques des circuits en service. Quand la boîte de réduction est tombée de l'appareil avec l'hélice, la casserole a touché l'un des pneus du train principal droit. Une masse d'environ 1 093 lb de débris est tombée du moteur droit quand il s'est désintégré. L'intensité du feu a diminué quand l'équipage a fermé le robinet coupe-feu carburant. L'effet des extincteurs moteurs est pratiquement nul quand il n'y a plus de capotage pour contenir et diriger l'agent extincteur.

Le rapport de laboratoire LP77/79, intitulé «First stage impeller failure» (rupture de la roue de premier étage) donne une analyse technique complète de la roue fracturée. Ce rapport indique que lors de la modification de la roue, en 1977, le frottement avait provoqué une crique de fatigue sur la face de contact arrière et qu'elle n'avait pas été entièrement éliminée conformément au document Dart Repair Scheme 528. Par la suite, la crique n'a pas été détectée lors de l'inspection obligatoire effectuée selon la méthode reposant sur l'emploi de colorants pénétrants à postémulsion. Une fois la roue remise en service, la crique a fini par atteindre une taille critique et la pièce s'est rompue sous l'effet des contraintes de fonctionnement normales au décollage (voir photos 3 et 4).

Après l'accident, un contrôle à l'aide d'un colorant fluorescent a été effectué sur la roue fracturée et ce, selon la même technique de contrôle que celle exigée par le document D.R.S. 528. La trace à peine perceptible d'un début de crique semblable, mais plus petite, a pu être repérée. Une autre inspection avec colorant a été effectuée avec un solvant amovible. Ce procédé a permis d'obtenir une indication plus facile à détecter. Cette technique, qui repose sur l'emploi d'un colorant solvant amovible dans la détection de criques resserrées, donne de meilleurs résultats que la méthode à postémulsion. Le laboratoire considère également qu'une inspection selon la technique applicable des courants de Foucault était plus sensible que les méthodes à colorant pour la détection des criques resserrées comme celle qu'on a observée sur la roue en question. L'inspection par les courants de Foucault aurait cependant exigé un technicien plus expérimenté et plus qualifié.

Moteur gauche

Le démontage et l'examen du moteur gauche, des hélices et des boîtes de relais accessoires a permis d'établir que tous les éléments fonctionnaient normalement au moment de l'écrasement.

Vanne à solénoïde du train d'atterrissage

La sortie et la rentrée du train d'atterrissage sont assurées par un vérin pneumatique. La pression alimentant les vérins est commandée par une vanne à solénoïde pneumatique située dans le compartiment pneumatique. Cette vanne est commandée électriquement selon la position choisie à la poignée de commande de train d'atterrissage. Elle se compose d'un plongeur à deux positions qui dirige l'air comprimé pour les manoeuvres de rentrée et de sortie. La vanne était en position train sorti au moment de l'impact.

Le courant continu provenant de la barre omnibus de secours alimente le solénoïde de la poignée de commande de train. Un microcontacteur monté sur la jambe de train principale gauche se ferme quand le train est sorti et ferme le circuit qui déclenche le solénoïde de verrouillage et la poignée de commande. La commande de train peut alors être placée à la position «UP» (rentrée). L'électricité est ensuite envoyée par l'interrupteur d'orientation de la roue avant à la vanne à solénoïde pneumatique. Cette vanne affiche alors la position train rentré et laisse passer l'air comprimé pour provoquer la manoeuvre.

Sélecteur de train d'atterrissage

L'examen en laboratoire du sélecteur de train d'atterrissage a révélé que le loquet du solénoïde de verrouillage était rentré et qu'il permettait la sélection de la position rentrée. L'examen a également permis d'établir que la commande de train avait été placée sur la position «UP» (rentrée) avant l'impact, mais que le train était resté sorti et verrouillé.

Ceci semble confirmer les problèmes de rentrée de train révélés par la bande magnétique de l'enregistreur.

Étant donné que la vanne à solénoïde pneumatique était dans la position train sorti, ceci semble indiquer qu'elle n'a pas reçu le signal électrique nécessaire pour la rentrée du train et qu'il y avait une panne dans le circuit électrique.

Feu avant l'impact

Pour déterminer si un feu important s'était déclaré en vol dans l'aile droite et avait provoqué une explosion avant l'impact, tous les débris récupérables de l'aile droite ont été réunis pour la reconstruction. L'examen de l'aile droite, ainsi réassemblée, a révélé que tous les dommages que le feu avait causé à la structure de l'aile s'étaient produits après l'impact et que le feu du fuseau moteur avant l'écrasement n'était pas très grave. L'examen des lieux et la reconstruction de l'aile ont permis de conclure que tous les dégâts structuraux ont été causés par le choc à l'impact et l'incendie qui a suivi.

Séquence d'événements au décollage

Les calculs ont permis d'établir les renseignements suivants au sujet des performances:

Temps en secondes	Événement	Vitesse en kt CAS	Distance de l'extrémité de piste en pieds + ou − 50
0.0	«On y va»	0.0	130
2.0	Début de l'affichage puissance	0.0	230
7.0	Pleine puissance	7.0	260
31.0	(Bruit sourd) décollage	98.9	2775
34.1	Début de la montée	107.0	3340
36.0	«Bang»	107.0	3700
	Le premier débris du groupe n° 26 tombe sur la piste	107.0	3850 (112.0) (vitesse-sol)
37.8	Le dernier débris du groupe n° 26 tombe sur la piste	107.0	4050 (112.0) (vitesse-sol)

L'appareil a décollé à t31; la vitesse corrigée était de 98.9 kt (94.9 kt IAS).

Lorsque le «bang» a été entendu, les roues de l'appareil étaient à une hauteur de 44 pieds au-dessus de la piste (voir figure 3).

En supposant que le taux de montée soit resté constant après le «bang», la vitesse lors du «bang» étant de 107 kt CAS et l'altitude gagnée de 100 pieds, la vitesse aurait probablement chuté à 96.4 kt CAS.

Après la perte d'une partie du moteur droit, la masse de l'appareil a diminué de 36 000 lb à 34 880 lb. La cloison pare-feu du moteur manquant était exposée (10.94 pieds carrés) ainsi que le capotage inférieur du moteur, soit 6.42 pieds carrés; le train d'atterrissage était sorti.

Reconstitution du vol

C'est à environ 18 h 37 que l'équipage de conduite est monté à bord de l'appareil pour effectuer les vérifications avant le démarrage. Le commandant a donné son exposé pour le départ en incluant la procédure de montée avec un moteur en panne de la compagnie pour la piste 06.

L'agent d'escale est monté à bord avec le devis de masse, de centrage et de chargement que le commandant a vérifié et signé. Le commandant a annoncé une masse de 36 000 lb, le premier officier a annoncé les paramètres de décollage «Okay, two dry, 103, 106 and 116», c'est-à-dire: puissance à sec pour le décollage, V2: 103; vitesse de rentrée des volets: 106 et vitesse de montée en route: 116.

L'équipage a alors fait démarrer les moteurs et effectué les vérifications avant roulage, puis il a transmis l'heure et l'altitude à l'agent de bord et a confirmé le nombre de passagers à 21.

L'appareil a quitté la porte à 18 h 44 et a commencé à rouler vers la piste 06.

Pendant le roulage, toutes les vérifications ont été effectuées conformément à la liste de vérifications de l'aéronef. Après s'être engagé sur la piste, l'équipage a arrêté l'avion momentanément afin de terminer les dernières vérifications. À 18 h 48 min 43 s, le commandant a annoncé «Here we go» et a commencé à rouler.

Lorsque le moteur s'est désintégré à t36, la vitesse corrigée était de 107 kt et l'altitude d'environ 40 pieds au-dessus de la piste. L'appareil a continué de monter jusqu'à environ 120 pieds AGL, et la vitesse a diminué à 96 kt CAS (92 kt IAS). Les pilotes volaient donc en-dessous de leur vitesse repère V2 de 103 kt et ne pouvaient pas monter.

À t42, le commandant a entamé la procédure d'urgence: «Straight, power max power» (dans l'axe, puissance maximale). Aucun signal verbal de rentrée du train d'atterrissage n'a été enregistré sur le CVR, mais le commandant a probablement donné ce signal avec le pouce, peu après son annonce, si l'on en croit sa remarque «OK» à t50. L'enregistrement du CVR indique que l'équipage devait également faire face à un problème de rentrée du train d'atterrissage. Cette seconde situation d'urgence a probablement interrompu le déroulement de leurs vérifications en cas d'urgence. À t45, la tour a informé l'équipage que le moteur était en feu et l'a autorisé à atterrir. Entre t50 et t1:05, les pilotes ont essayé de rentrer le train. Aux environs de t55 l'avion s'est engagé dans un virage à droite; la vitesse a continué de diminuer. À t1:09, le premier officier a demandé s'il devait mettre un drapeau; le commandant a annoncé «Okay (HP cock to) feather» (Okay, mise en drapeau) et le robinet haute pression a été déplacé sur la position de mise en drapeau à t1:10. Apparemment, l'équipage ne savait pas que la section avant du moteur s'était détachée à ce moment-là (voir figure 5).

L'enregistrement CVR a révélé qu'à t1:09, la fréquence radio est passée de 120.3 MHz à 121.0 MHz et qu'aux environs de t1:15, elle est repassée sur 121.9 MHz, où elle est restée jusqu'à l'écrasement. Bien que ce changement de fréquence n'ait pu être expliqué, il est peu probable que l'équipage, fort occupé par ailleurs, ait pris le temps de changer de fréquence alors que les communications avec la tour étaient bonnes.

L'avion a continué de voler à environ 120 pieds du sol alors que la vitesse diminuait, mais l'équipage ne pouvait descendre sans risquer de heurter les obstacles.

Peu après l'explosion du moteur, le feu s'est déclaré et, d'après les témoins, a enveloppé le capotage et le fuseau du moteur. C'est certainement l'incendie qui a poussé l'hôtesse à se diriger vers le poste de pilotage pour en informer le commandant, il n'y a cependant aucune preuve qu'elle ait atteint le poste. Entre t1:20 et t1:30 environ, l'agent de bord est retourné dans la cabine et a exposé les procédures d'atterrissage d'urgence aux passagers. Elle a également commencé à faire déplacer les passagers qui étaient du côté du moteur en feu pour les installer de l'autre côté du couloir vers la rangée, et trois ou quatre passagers se sont spontanément déplacés vers les sièges arrières. C'est alors que le centre de gravité a glissé de 5.25 pouces vers l'arrière au-delà du centrage arrière. Il ne fait aucun doute que cette nouvelle répartition des passagers a aggravé les problèmes de maîtrise auxquels l'équipage avait à faire face. À ce moment-là, l'avion s'approchait du collège.

Les calculs ont permis de déterminer que l'inclinaison moyenne pendant le circuit était de 15 degrés et que le taux de descente se serait situé aux environs de 40 pi/min. Afin de conserver l'altitude, l'équipage aurait dû laisser chuter la vitesse. Le glissement du centre de gravité vers l'arrière s'est produit environ au moment auquel l'équipage aurait aperçu les feux de balisage rouge, sur le sommet du collège. Deux choses peuvent alors s'être produites: le glissement du centre de gravité vers l'arrière a provoqué un autocabrage ou le pilote a tiré sur le manche pour éviter le collège. De toutes manières le résultat est le même. La vitesse a chuté en-dessous de la VMC, provoquant une perte de maîtrise en direction. Des témoins ont vu l'appareil s'incliner brutalement sur la droite puis s'enfoncer très rapidement. Plusieurs secondes avant l'impact, le premier officier avait crié «attention». Les phares d'atterrissage étaient allumés et le premier officier avait lancé cet avertissement certainement en apercevant le sol. L'extrémité de l'aile droite a d'abord touché le sol sous un angle d'inclinaison de 14 degrés et l'angle de piqué était de 10 à 15 degrés. Au moment de l'impact, l'appareil était en lacet à droite (dérapage), ce qui indique que la vitesse était inférieure à la VMC. L'impact s'est produit entre la VMC (81 kt) et la vitesse de décrochage (76 kt).

Avec un moteur en feu peu après le décollage, une panne de rentrée du train et un appareil qui ne pouvait monter, l'équipage était confronté à un sérieux problème. Les réactions des pilotes qui ont été enregistrées sur le CVR le prouvent. À l'aéroport de Québec, tous les circuits pour la piste 06 doivent s'effectuer au sud-est à cause du terrain en pente au nord-ouest. Normalement l'équipage aurait dû effectuer un virage à gauche. Le fait que l'appareil ne pouvait monter a rendu impossible le respect de la procédure de départ sur un moteur, qui consiste à monter dans l'axe (voir annexe A).

Il ne fait pas de doute que les pilotes étaient conscients de ces problèmes lorsqu'ils ont essayé d'effectuer un virage à droite pour revenir vers l'aéroport, à très basse altitude. S'ils avaient essayé de continuer dans l'axe, conformément aux procédures de départ, l'avion aurait probablement heurté des obstacles à 5 milles marin, ou moins, de l'extrémité de piste.

LE TRANSPORTEUR

Le centre de contrôle des opérations de la compagnie est basé à Dorval. Les fonctions de ce centre consistent principalement à répartir et à surveiller les vols, ce qui est courant et normal. Ce centre est ouvert 24 heures par jour.

Tous les cours sur F-27, formation au sol, formation initiale en vol et cours de reconduction, sont assurés par le personnel de la compagnie à la base de Dorval. Aucun simulateur n'étant utilisé, toute la formation en vol est effectuée sur les appareils de la compagnie. Les pilotes sont entraînés à des pannes simulées sur un moteur à la V2, en cours d'approche interrompue et lors de la remise de gaz.

La formation est conforme aux normes de Transports Canada, telles que décrites dans l'ONA série VII n° 2.

La compagnie retient les services d'agents pour le chargement des appareils et pour les calculs de masse et centrage. Ces agents reçoivent une formation étalée sur cinq semaines et sont placés sous surveillance pendant six mois avant d'être considérés compétents pour effectuer ces tâches. D'autres fonctions comprennent la vente des billets et le service aux passagers.

Vidéo

Une caméra vidéoscopique a été utilisée lors de la reconstitution du vol et pour étudier l'épave.

Témoignages

Les témoignages sur les diverses phases du vol 255, corroborent dans la plupart des cas. Avant le vol, les préposés au chargement et le personnel de piste n'a rien remarqué d'inhabituel pour le vol 255 et ont décrit la préparation au vol comme normale.

Le contrôleur de la tour a déclaré que l'appareil s'était aligné et s'était arrêté avant de commencer à rouler pour le décollage. L'appareil a couvert environ 3 800 pieds de piste et se trouvait à une hauteur, généralement, estimée entre 30 et 40 pieds lorsque l'explosion s'est produite. Différents témoins ont comparé le bruit de l'explosion à un coup de canon, à une pièce de métal tombant au sol ou à un bruit inhabituellement fort. Certains ont plutôt vu l'explosion qu'ils ne l'ont entendue. Les témoins ont décrit le feu qui a suivi l'explosion comme ayant une couleur entre le jaune et l'orange et ont dit qu'il enveloppait toute la zone du moteur droit et qu'il s'étirait assez loin vers l'arrière pour illuminer tout le côté du fuselage. Immédiatement après l'explosion, le feu était brillant et très visible, mais il a diminué d'intensité à un tel point que les derniers témoins l'ont décrit comme confiné à l'intérieur du fuseau moteur et seulement visible de l'avant. Les témoins qui étaient à l'aérogare et sur l'aire de trafic ont perdu l'appareil de vue lorsqu'il est passé à hauteur du hangar du gouvernement du Québec.

Un témoin qui habite juste à l'est du boulevard de l'aéroport, artère orientée nord-sud à l'est de l'aéroport, a déclaré avoir entendu une explosion très bruyante suivie par le son familier d'un avion affichant la poussée inverse. Il a d'abord entendu l'avion s'approcher puis l'a vu voler à basse altitude vers le sud, à l'ouest du boulevard de l'aéroport. Il a déclaré que l'avion était légèrement incliné sur la droite et que le moteur droit laissait échapper une flamme de 5 à 8 pieds.

Trois témoins, du perron du Collège Sacré-Coeur, ont vu l'appareil s'approcher du nord à une altitude qu'ils ont estimée à 200 pieds. Ils n'avaient pas l'habitude de voir des appareils dans ce secteur. Ils ont remarqué que les phares d'atterrissage étaient allumés et ont aperçu de la fumée qui s'échappait du moteur droit avant de se rendre compte que ce moteur était en feu. L'appareil était en virage à faible inclinaison à droite lorsqu'il a survolé le coin ouest de la résidence et qu'il a commencé à s'engager dans un virage serré à droite avant de s'écraser. Un autre témoin, qui habite juste au sud du lieu d'écrasement, a vu l'appareil s'approcher du nord. Tout d'abord il a remarqué une lueur, puis a reconnu les phares d'un avion et a vu que le moteur droit était en feu. Il a estimé l'altitude entre 75 et 150 pieds et a déclaré que l'appareil est resté en vol 4 ou 5 secondes, s'est engagé dans un virage à droite serré, s'est écrasé et a explosé dans une gerbe de feu. Après avoir téléphoné à la police et aux services d'incendie, il s'est dirigé vers les lieux de l'accident pour aider les secours. D'ailleurs, un nombre assez important de témoins s'est pressé sur les lieux de l'accident pour rendre le même service.

Lorsque le premier sauveteur est arrivé sur les lieux, plusieurs minutes après l'accident, une deuxième explosion s'est produite dans la partie avant de l'appareil, apparemment dans le réservoir d'aile. Le feu était surtout localisé dans la partie avant du fuselage.

Un hélicoptère des Forces canadiennes a survolé la piste et les lieux de l'accident environ 45 minutes plus tard. Des morceaux du moteur et de l'hélice, ainsi que d'autres pièces, étaient répartis sur quelque 2 000 à 2 500 pieds de piste. Le pilote a survolé les lieux de l'accident et a observé l'épave qui brûlait encore. En fait, la chaleur de l'incendie était encore très intense. Le pilote de l'hélicoptère a décrit la météorologie comme variable, avec une bonne visibilité à l'est et une visibilité réduite au sud et à l'ouest, et aucune condition givrante. Il a pu refaire, en VFR, la trajectoire de vol apparemment suivie par le CF-QBL. Des bancs de brouillard s'étendaient au-dessus de la zone et du fleuve, mais ils n'ont affecté la visibilité et le plafond que plus tard.

CONCLUSIONS

Faits établis

La section avant du moteur droit s'est séparée en vol et elle est tombée sur la piste en même temps que l'hélice, à un moment critique après le décollage.

La séparation du moteur a été provoquée par l'explosion de l'étage basse pression du compresseur elle-même due à une crique de fatigue présente avant la dernière modification et avant la révision du compresseur.

La procédure d'inspection mentionnée, utilisée au moment de la révision de la roue, n'a pas permis de détecter la crique.

Bien que l'équipage ait fait la sélection, le train n'est pas rentré, probablement à cause des dégâts que les débris du moteur ont causé dans le circuit électrique de sélection du train.

Après la séparation du moteur, les performances de l'avion ont considérablement diminué à cause de l'augmentation de traînée provoquée par le train sorti, le moteur à l'air libre et le capotage inférieur qui était exposé.

Avec la traînée résultante et la configuration de vol l'équipage a été incapable de franchir les obstacles droit devant et de maintenir l'altitude au cours du virage à droite.

La séparation du moteur et le déplacement des passagers ont provoqué un glissement du centre de gravité au-delà de la limite arrière, ce qui a affecté la stabilité longitudinale.

Dans les derniers instants du vol, probablement afin d'essayer de maintenir l'altitude, la vitesse a diminué en-dessous de la vitesse minimale de contrôle, ce qui a provoqué un virage serré à droite et l'écrasement de l'appareil à une vitesse inférieure ou égale à la VMC.

On considère que l'équipage a dû faire face à un problème de maîtrise insolvable et, dans les circonstances, qu'il a fait tout son possible pour conserver la maîtrise de l'appareil.

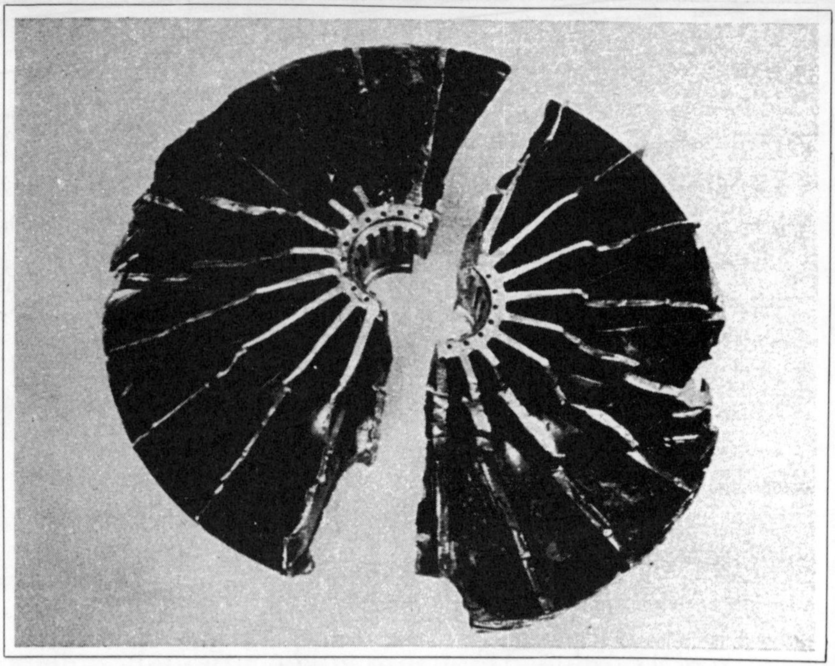

1. Tel que reçu, débris de la roue centrifuge, premier étage, face avant.

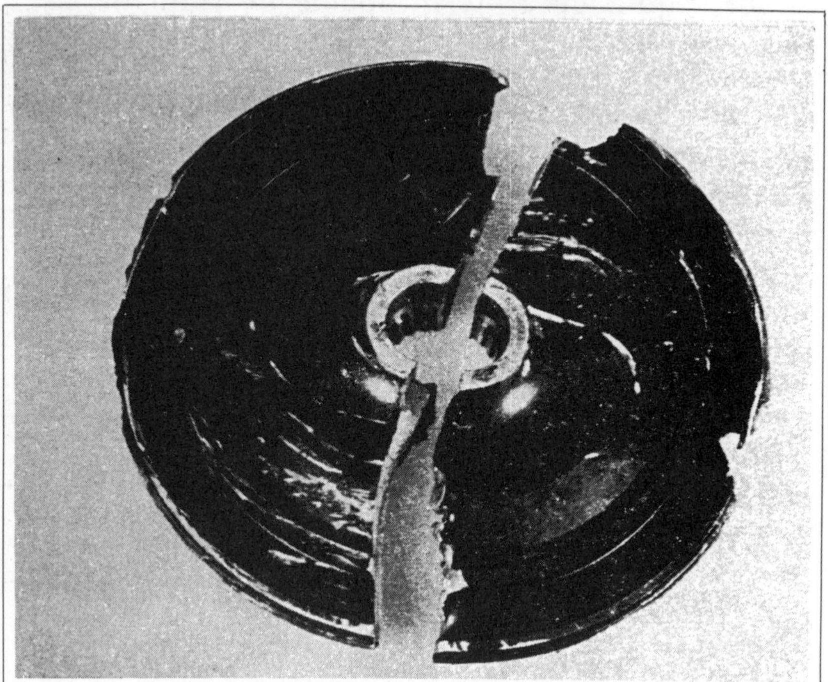

2. Tel que reçu, débris de la roue centrifuge, premier étage, face arrière.

3. Face de la rupture primaire de la roue centrifuge, premier étage. La flèche indique la zone de naissance de la crique, laquelle est visiblement plus pâle que le reste de la cassure.

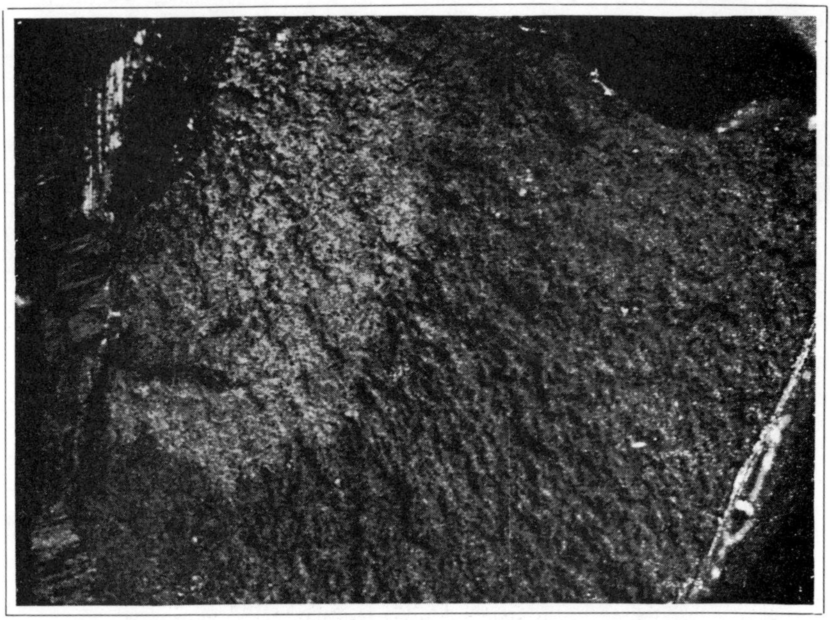

4. Gros plan de la zone plus pâle à la naissance de la crique, qui a donné lieu à la rupture de la roue. L'échelle du haut est en millimètres. Noter en haut à gauche la zone foncée dans l'encoignure et les dégâts mécaniques consécutifs à la rupture, à gauche (face de contact arrière).

ANNEXE A

PROCÉDURES DE MONTÉE SUR UN MOTEUR - QUÉBÉCAIR*

BG 11 et 29: virage à droite vers BG entre 1000 pi et 1500 pi AGL

BG 18 et 36: virage à gauche vers BG entre 1000 pi et 1500 pi AGL

GA 04: virage à gauche immédiat vers GA, montée à l'altitude du virage conventionnel ou à la MEA pour circuit d'attente à gauche en rapprochement 045.

GA 22: direct sur GA, montée à l'altitude du virage conventionnel ou à la MEA pour circuit d'attente à gauche en rapprochement 045.

GP 29: virage à droite pour intercepter l'axe 303 de GP, montée à 1000 pi AGL, puis virage à droite vers GP et suivre le radial 123 en rapprochement pour rejoindre l'altitude du virage conventionnel ou la MEA.

GP 11: virage à droite vers GP et montée à l'altitude du virage conventionnel ou à la MEA en éloignement.

GP 06: suivre l'alignement de piste vers BV, virage à droite pour suivre l'alignement arrière sur QB,

---

* traduction pour le rapport

virage à gauche au 250 dans la minute et demie qui suit le début de la course au décollage.

WK 01: suivre le 035 de la balise WK en éloignement.

ZV 31: virage à gauche vers la radioborne Z entre 1000 et 1500 pi AGL

ANNEXE B

DISPERSION DES DÉBRIS SUR LA PISTE 06-24

1. Carter inférieur avant du compresseur côté droit contenant un morceau de la bride d'entrée d'air.
2. Tuyau avec raccord banjo P/N RK 10330.
3. Sommet du carter du compresseur avant, côté droit air de refroidissement E160W.
4. Petites pièces non identifiées.
5. Aillettes rotatives d'entrée BP et morceau de l'arbre.
6. Moitié de la roue basse pression.
7. Moitié de la roue basse pression.
8. Partie inférieure du carter BP et bride du carter intermédiaire positions 6 heures.
9. Morceau de 6 pouces du faisceau d'éclairage.
10. Morceau du carter intermédiaire de la bide, 1½ pouce de long.
11. Capotage supérieur et capotage intérieur.
12. Tuyau d'air de refroidissement BP.
13. Moitié avant du capotage extérieur.
14. Moitié arrière du capotage extérieur.
15. Partie avant de l'axe creux du réducteur.
16. Carter intérieur avant du compresseur, 12 pouces de long.
17. Morceau de la circonférence extérieure du carter du compresseur avant, bride intérieure.
18. Carter compresseur avant et bride de carter d'entrée d'air.
19. Morceau du carter de la volute.

20. Morceau du carter de la volute.
21. Morceau du carter de la volute.
22. Divers morceaux du carter de la volute y compris la plaque de données techniques du fabricant pour le train droit.
23. Compresseur avant.
24. Arbre de la roue BP.
25. Plaque de renfort de la roue BP.
26. Six sacs contenant différents morceaux du carter intermédiaire et du carter avant trouvés sur le côté gauche de la piste et composés de 16 morceaux et d'une rondelle (vis diffuseur).

FIGURE 1

1. PISTE 06 — DISPERSION DES DÉBRIS CF-QBL
2. Échelle — pi
3. 1300 pi
4. Sens du décollage
5. 150 pi
6. Principale pièce du moteur
7. 2190 pi par rapport à l'axe de l'intersection des pistes 06 et 32
8. Impacts de l'hélice droite — 1er, 2e, 3^e^

FIGURE 1

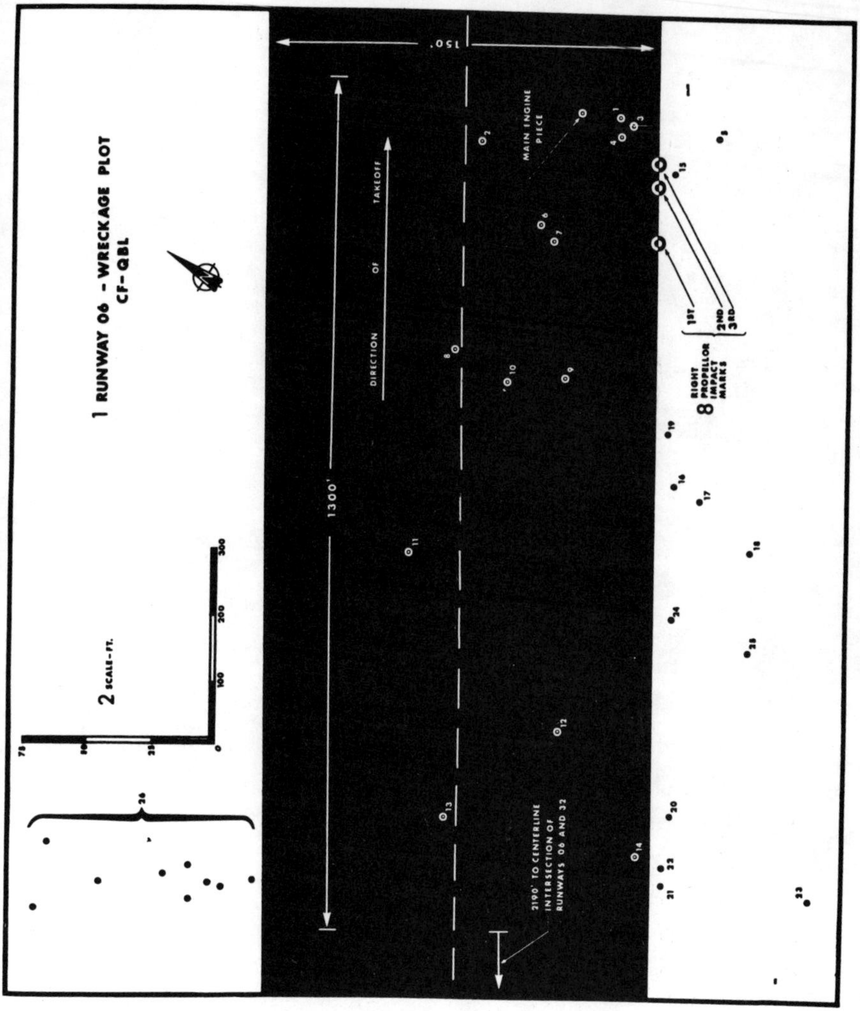
1 RUNWAY 06 - WRECKAGE PLOT
CF-QBL
2 SCALE-FT.
DIRECTION OF TAKEOFF
150'
1300'
MAIN ENGINE PIECE
8 RIGHT PROPELLOR IMPACT MARKS
1ST
2ND
3RD
2190' TO CENTERLINE INTERSECTION OF RUNWAYS 06 AND 32

FIGURE 2

DÉTRUIT PAR L'INCENDIE (après l'écrasement)

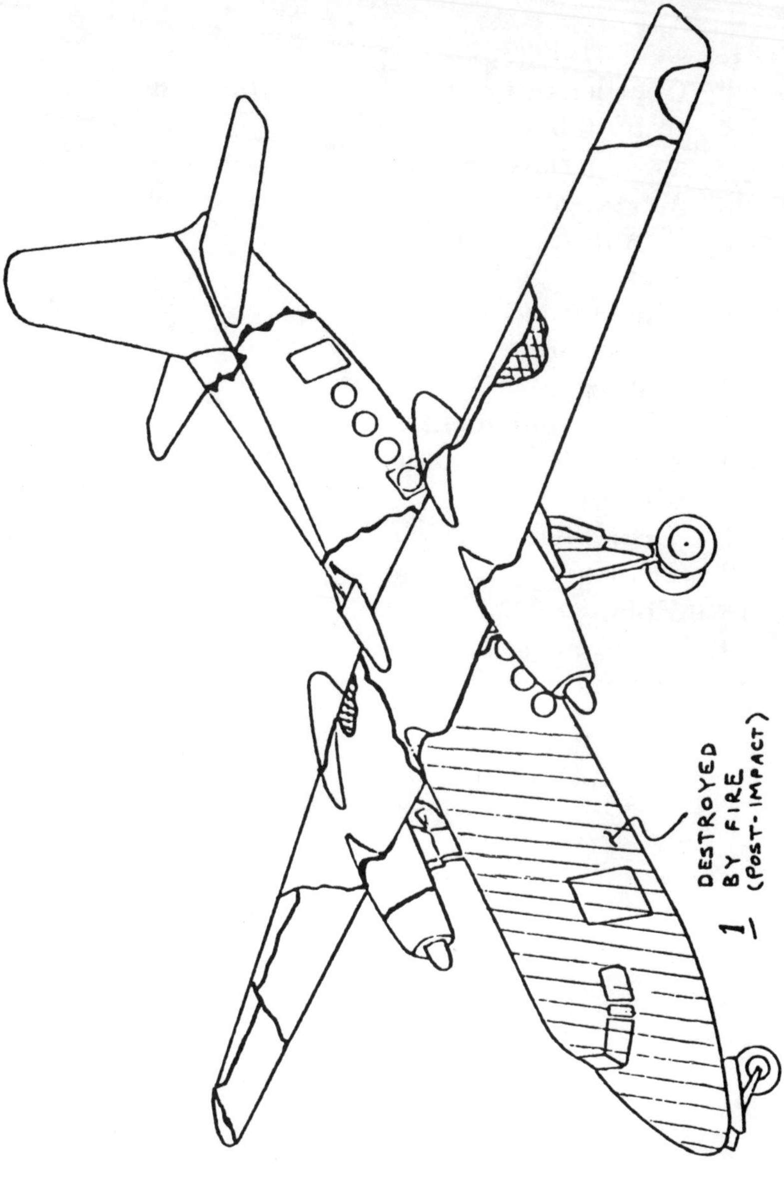

FIGURE 3

1. CF-QBL F-27
   Coefficient de résistance au roulement du train: 0.030
   Vent arrière: 5 noeuds
2. Vitesse-sol en noeuds
3. Temps en secondes
4. Here we go
5. Manettes à fond
6. Vitesse-sol
7. Distance
8. Fin du roulement au sol
9. Début de la montée
10. «bang»
11. Débris heurtent le sol
12. Débris
13. Roues
14. Hauteur/piste
15. Distances en pieds

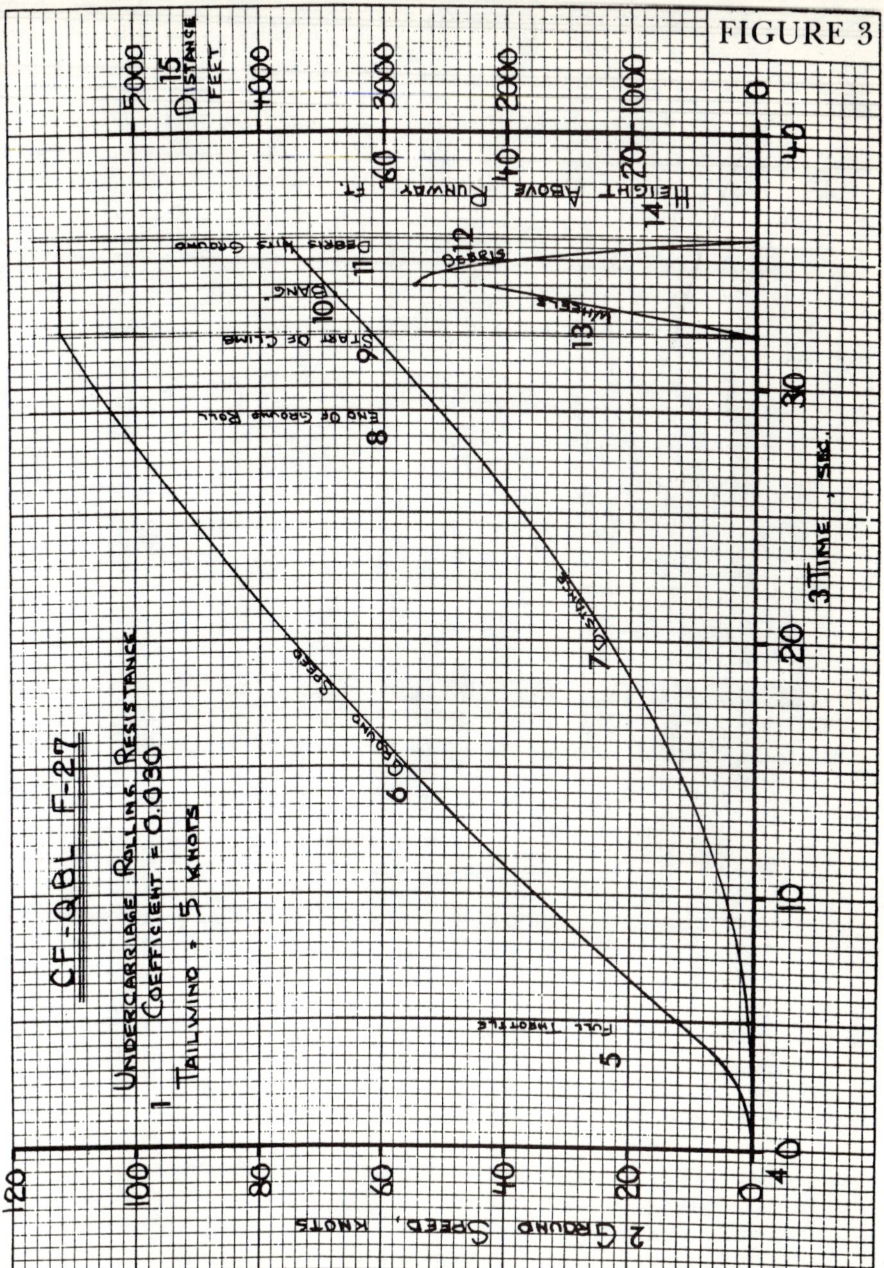
CF-QBL F-27
Undercarriage Rolling Resistance
Coefficient = 0.030
Tailwind = 5 Knots
Ground Speed, Knots
Time, Sec.
Distance Feet
Height Above Runway, Ft.
Full Throttle
Ground Speed
Distance
End Of Ground Roll
Start Of Climb
"Bang"
Debris Hits Ground
Debris
Wheels

FIGURE 3

FIGURE 5

Profil du vol reconstitué avec retranscription du CVR

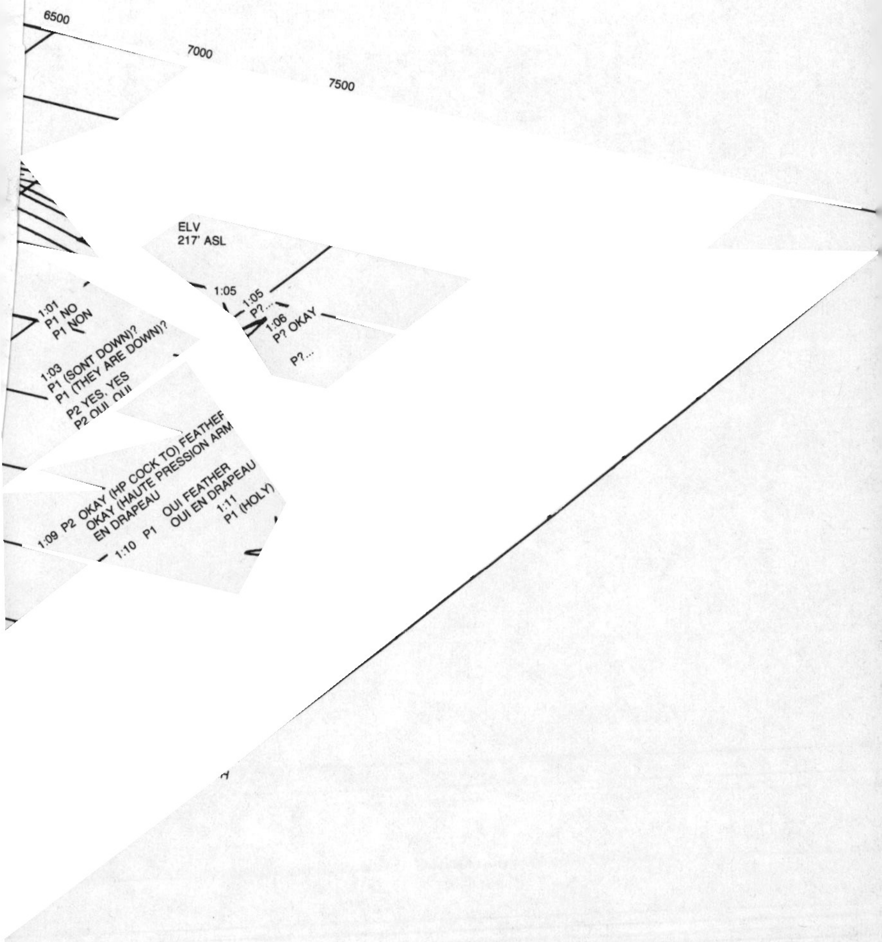

QUEBECAIR F27 CF-QBL

QUEBEC CITY P.Q. MARCH 29, 1979

COMPOSITE DIAGRAM INCORPORATING CVR AND WITNESS INFORMATION

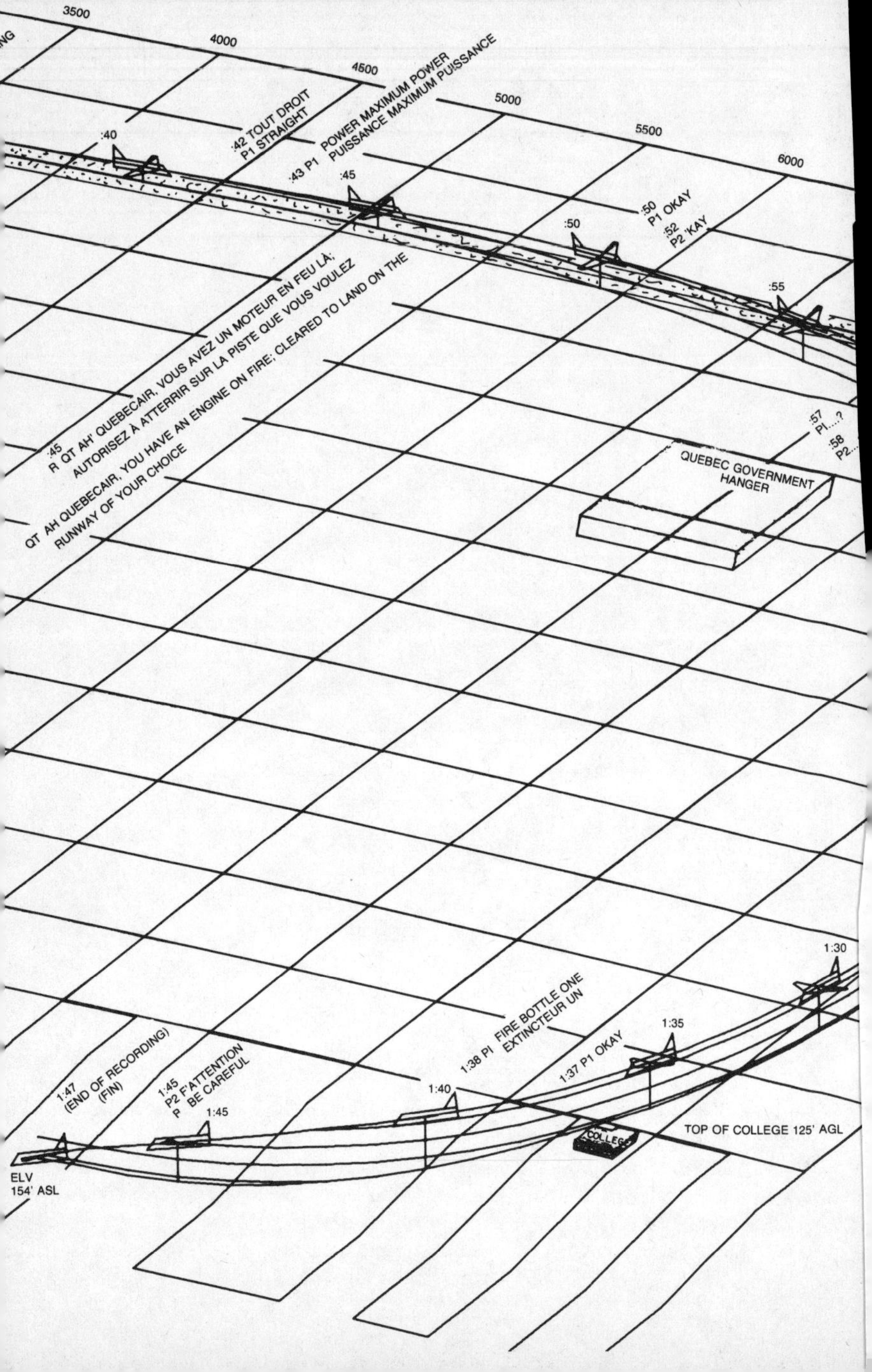
3500
4000
4500
5000
5500
6000
:40
:42 TOUT DROIT
P1 STRAIGHT
:43 P1 POWER MAXIMUM POWER
PUISSANCE MAXIMUM PUISSANCE
:45
:50
:50
P1 OKAY
:52
P2 'KAY
:55
:45
R QT AH' QUEBECAIR, VOUS AVEZ UN MOTEUR EN FEU LÀ;
AUTORISEZ À ATTERRIR SUR LA PISTE QUE VOUS VOULEZ
QT AH QUEBECAIR, YOU HAVE AN ENGINE ON FIRE; CLEARED TO LAND ON THE
RUNWAY OF YOUR CHOICE
:57
P1....?
:58
P2....
QUEBEC GOVERNMENT
HANGER
1:30
1:38 P1 FIRE BOTTLE ONE
EXTINCTEUR UN
1:35
1:37 P1 OKAY
1:40
1:47
(END OF RECORDING)
(FIN)
1:45
P2 F'ATTENTION
P BE CAREFUL
1:45
COLLEGE
TOP OF COLLEGE 125' AGL
ELV
154' ASL

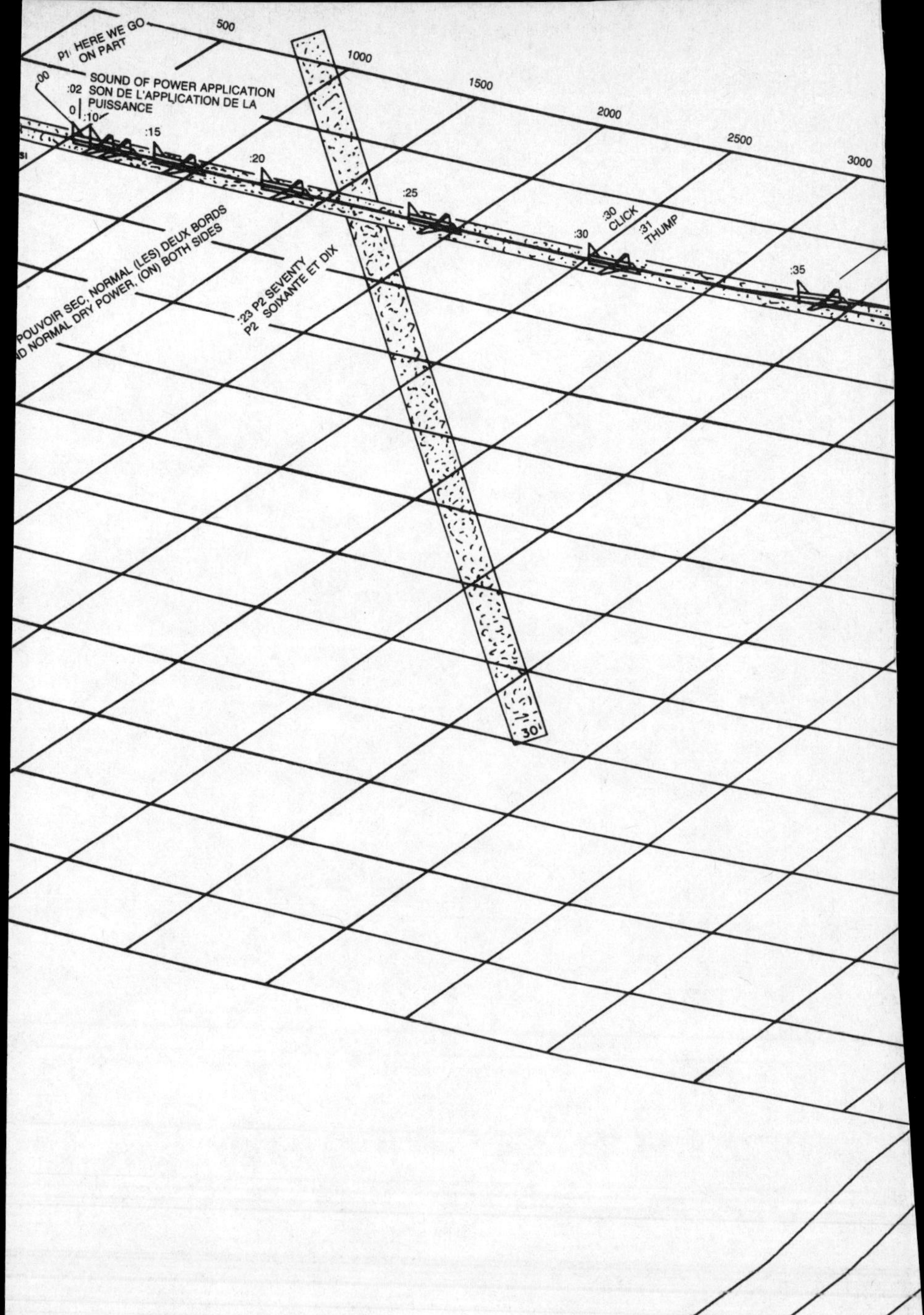

P1 HERE WE GO
ON PART
500
1000
1500
2000
2500
3000
:00
:02 SOUND OF POWER APPLICATION
SON DE L'APPLICATION DE LA
PUISSANCE
0
:10
:15
:20
:25
:30
:30
CLICK
:31
THUMP
:35
POUVOIR SEC, NORMAL (LES) DEUX BORDS
ND NORMAL DRY POWER, (ON) BOTH SIDES
:23 P2 SEVENTY
P2 SOIXANTE ET DIX
30

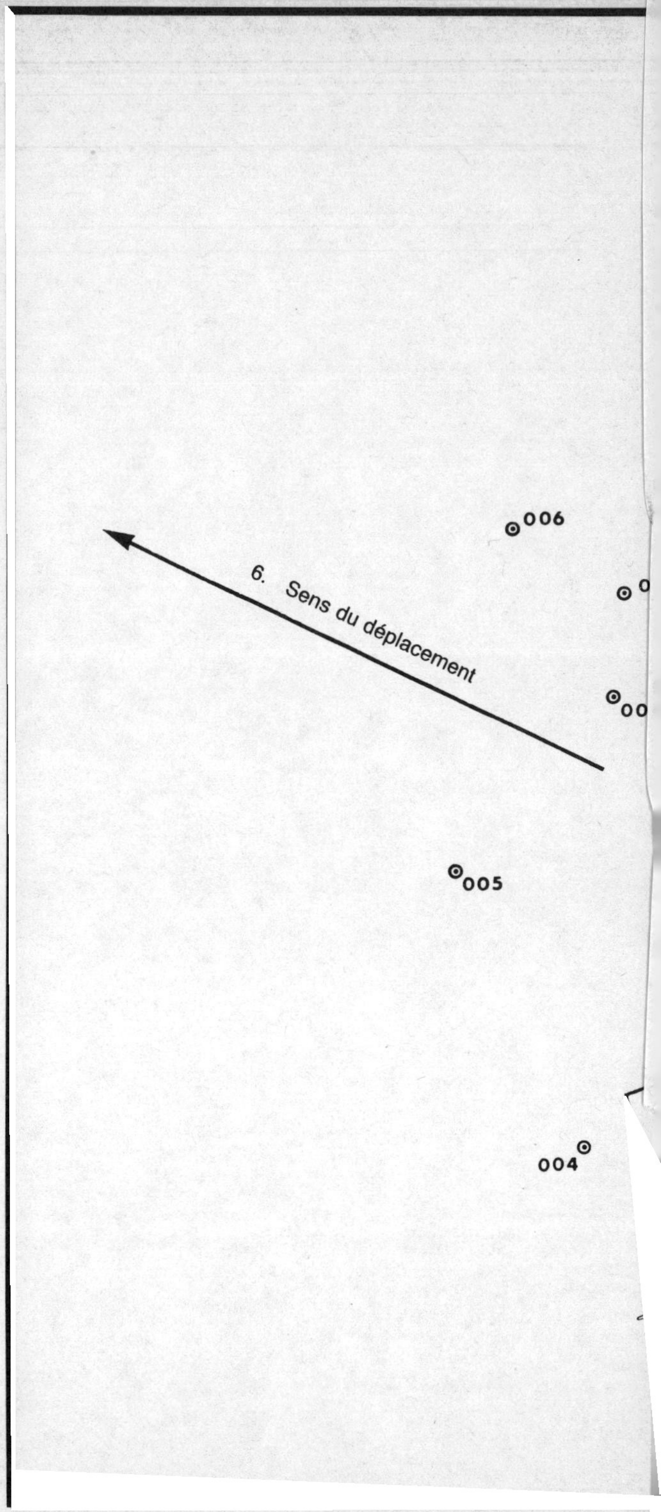

006
6. Sens du déplacement
005
004

FIGURE 6

— dispersion des

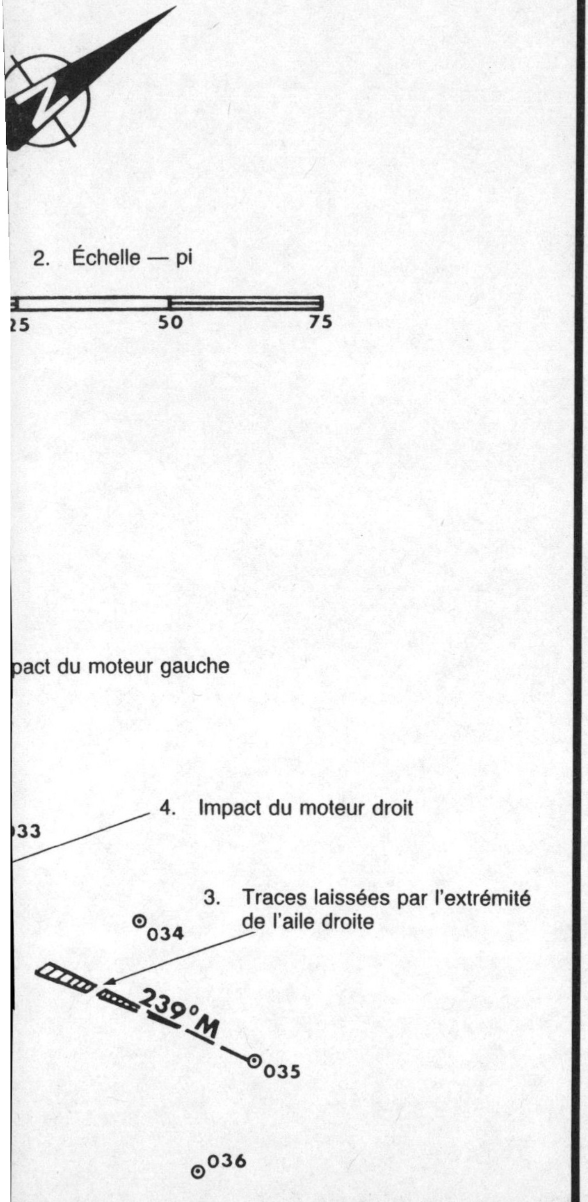

Lieu de l'acc
débris — CF

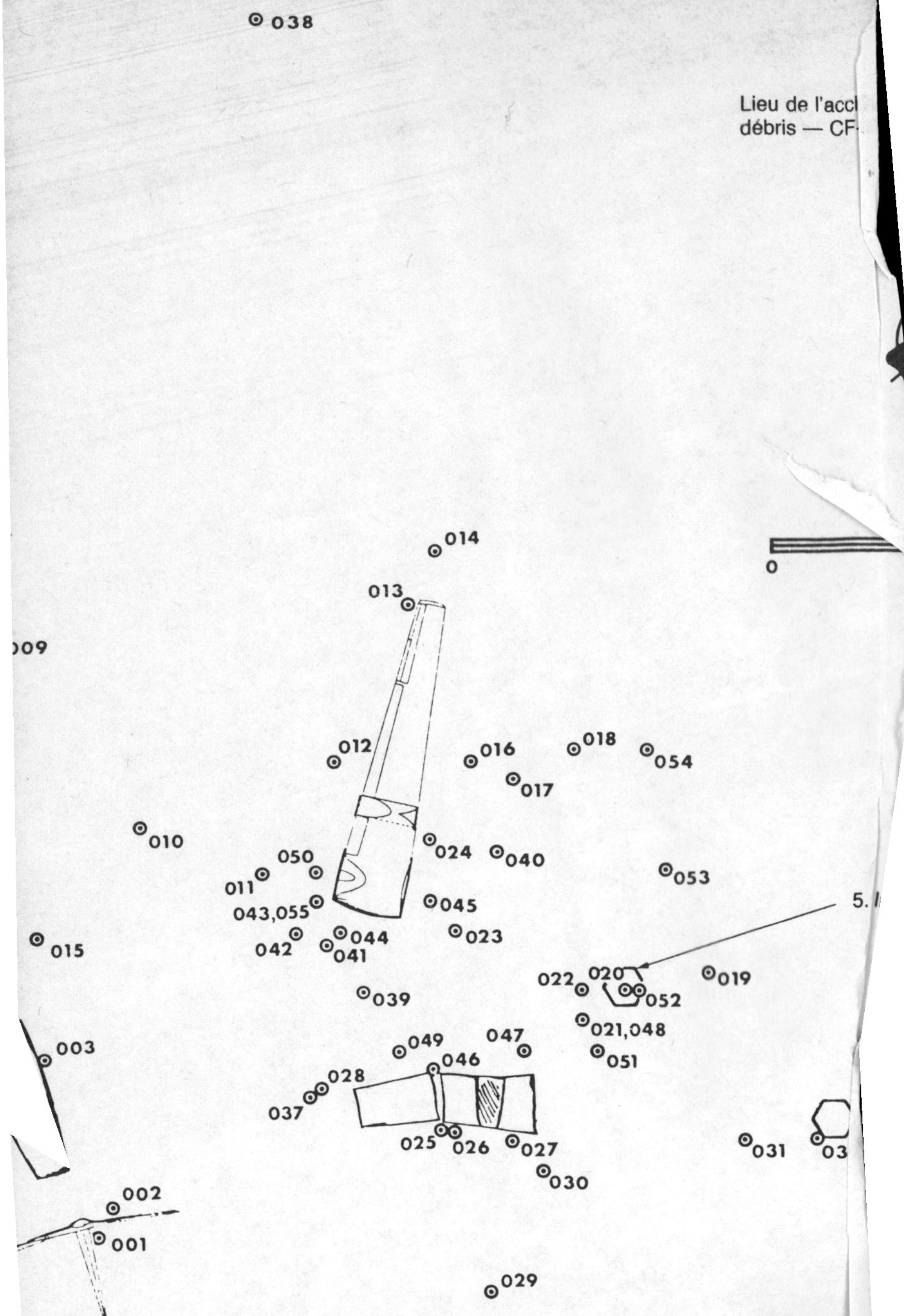

FIGURE 4

Trajectoire de l'appareil

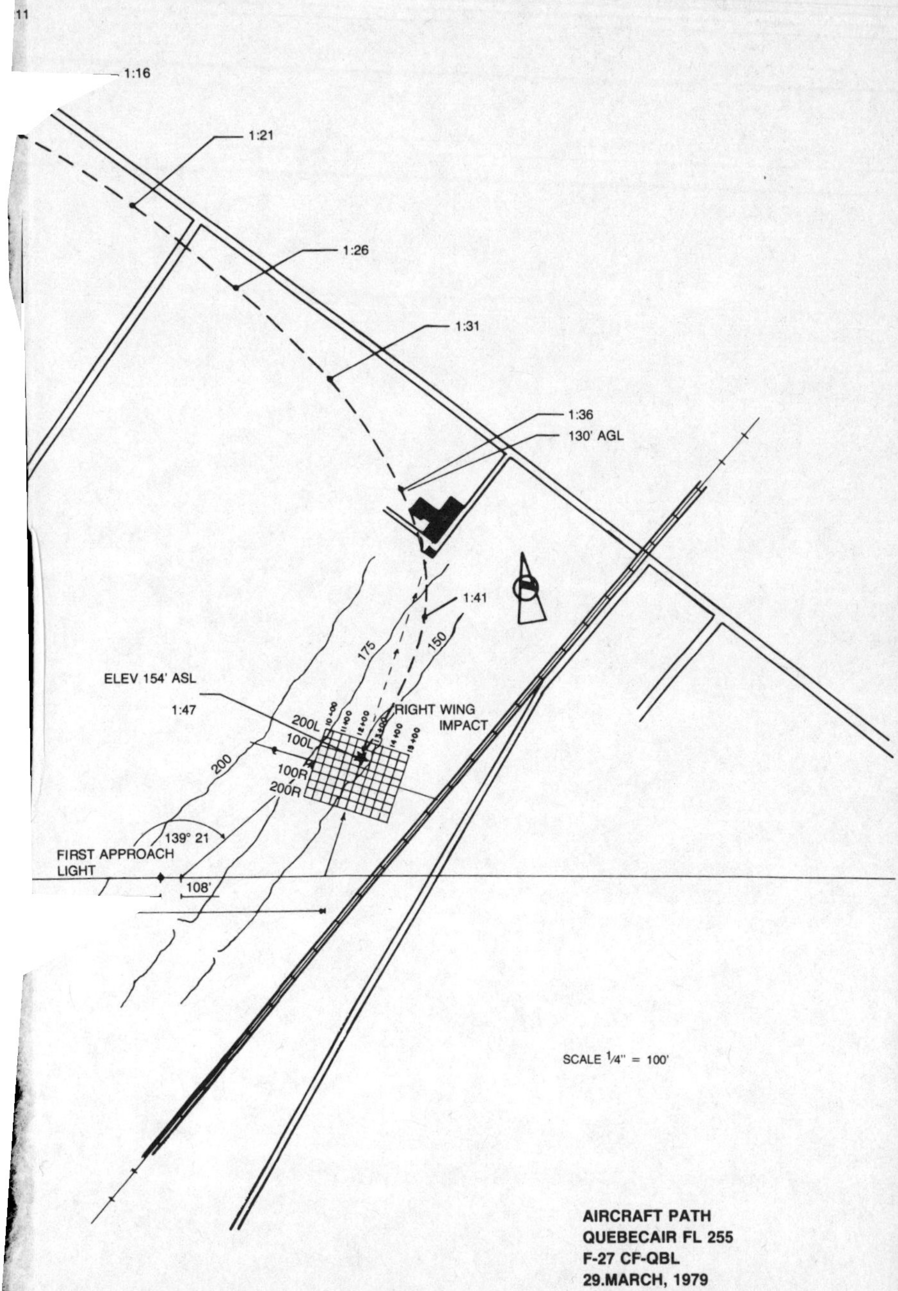

AIRCRAFT PATH
QUEBECAIR FL 255
F-27 CF-QBL
29.MARCH, 1979
QUEBEC CITY, P.Q.

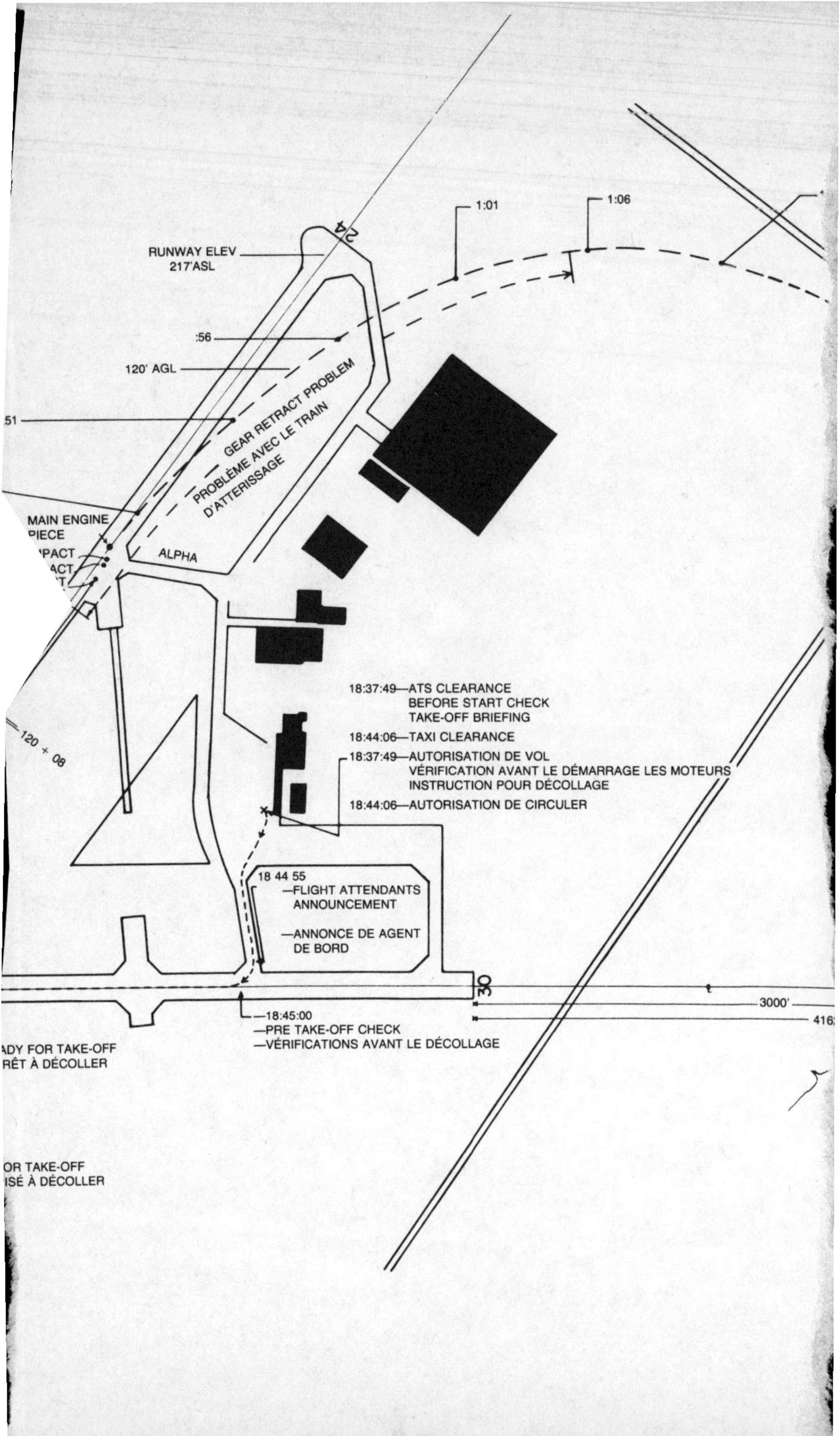
1:01
1:06
RUNWAY ELEV
217'ASL
24
:56
120' AGL
:51
GEAR RETRACT PROBLEM
PROBLÈME AVEC LE TRAIN
D'ATTERISSAGE
MAIN ENGINE
PIECE
PACT
ACT
ALPHA
120 + 08
18:37:49—ATS CLEARANCE
BEFORE START CHECK
TAKE-OFF BRIEFING
18:44:06—TAXI CLEARANCE
18:37:49—AUTORISATION DE VOL
VÉRIFICATION AVANT LE DÉMARRAGE LES MOTEURS
INSTRUCTION POUR DÉCOLLAGE
18:44:06—AUTORISATION DE CIRCULER
18 44 55
—FLIGHT ATTENDANTS
ANNOUNCEMENT
—ANNONCE DE AGENT
DE BORD
30
3000'
—18:45:00
—PRE TAKE-OFF CHECK
—VÉRIFICATIONS AVANT LE DÉCOLLAGE
ADY FOR TAKE-OFF
RÊT À DÉCOLLER
OR TAKE-OFF
ISÉ À DÉCOLLER

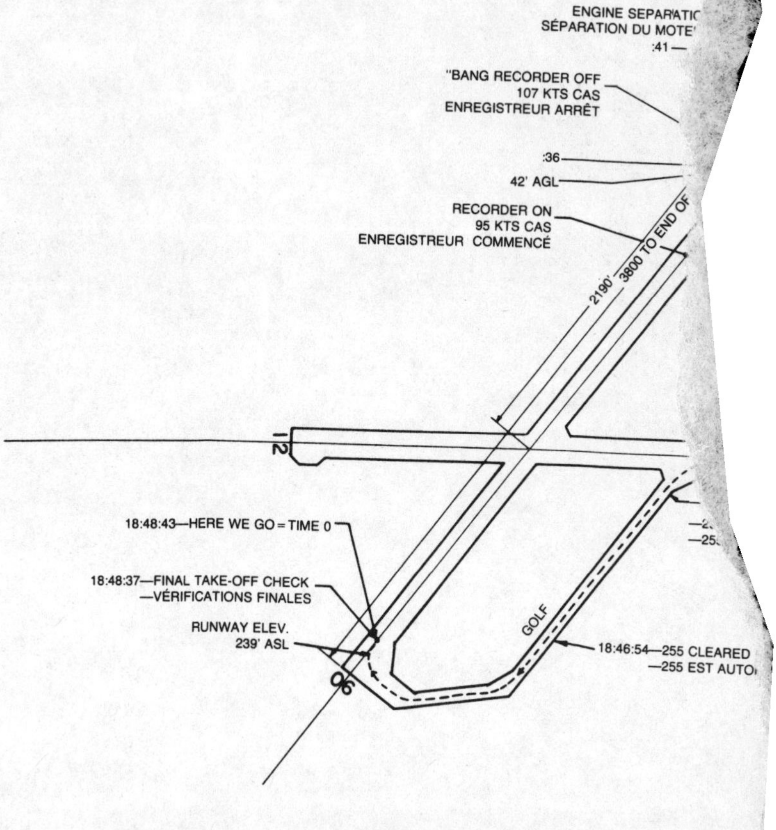

ENGINE SEPARATIC
SÉPARATION DU MOTE
:41
"BANG RECORDER OFF
107 KTS CAS
ENREGISTREUR ARRÊT
:36
42' AGL
RECORDER ON
95 KTS CAS
ENREGISTREUR COMMENCÉ
2190'
3800 TO END OF
12
18:48:43—HERE WE GO = TIME 0
18:48:37—FINAL TAKE-OFF CHECK
—VÉRIFICATIONS FINALES
RUNWAY ELEV.
239' ASL
06
GOLF
18:46:54—255 CLEARED
—255 EST AUTO